玻璃纤维增强聚合物抗浮锚杆承载性能研究

白晓宇　张明义　刘俊伟　著

科学出版社

北　京

内 容 简 介

本书系统阐述了玻璃纤维增强聚合物锚杆应用于地下结构抗浮工程中的承载性能和破坏机理。全书内容包括玻璃纤维增强聚合物抗浮锚杆与岩土体的承载性能、玻璃纤维增强聚合物抗浮锚杆与基础底板的锚固性能、长期荷载作用下玻璃纤维增强聚合物抗浮锚杆的蠕变性能，以及玻璃纤维增强聚合物抗浮锚杆的破坏机理与全变形特征。

本书可供高等院校土木工程与水利工程相关专业师生阅读，也可供相关领域科研与工程技术人员作为参考资料使用。

图书在版编目(CIP)数据

玻璃纤维增强聚合物抗浮锚杆承载性能研究/白晓宇，张明义，刘俊伟著. —北京：科学出版社，2021.10

ISBN 978-7-03-069502-4

Ⅰ.①玻… Ⅱ.①白… ②张… ③刘… Ⅲ. 玻璃纤维增强-聚合物-锚杆-承载力-研究 Ⅳ. ①TU94

中国版本图书馆 CIP 数据核字（2021）第 154578 号

责任编辑：任加林 / 责任校对：王 颖

责任印制：吕春珉 / 封面设计：耕者设计工作室

科学出版社 出版

北京东黄城根北街 16 号

邮政编码：100717

http://www.sciencep.com

北京中科印刷有限公司印刷

科学出版社发行 各地新华书店经销

*

2021 年 10 月第 一 版 开本：B5（720×1000）

2021 年 10 月第一次印刷 印张：7 1/4

字数：133 000

定价：56.00 元

（如有印装质量问题，我社负责调换〈中科〉）

销售部电话 010-62136230 编辑部电话 010-62139281

前　言

城市地下空间开发利用是当前国家高度关注的重大发展战略，符合建设“资源节约型、环境友好型和谐社会”城市发展方向的具体要求。然而，随着城市地下空间的开发利用，地下建（构）筑物的基础埋深不断加大，结构荷载不能抵抗地下水的浮力时，抗浮问题也随之而来。与降排水法、压重法、抗拔桩等抗浮措施相比，抗浮锚杆具有地层适应性强、分散受力、便于施工、工期短、造价低等优点，在地下工程中得到了广泛的应用。普通钢筋锚杆虽然在锚固工程中采用对中支架、注浆浆液中掺入防腐剂等防腐技术措施，但因其常年处于水下或干湿交替区域，所处环境比普通支护锚杆更差。特别在城市轨道交通建设项目中，由直流供电系统产生的杂散电流会对常规钢锚杆产生电化学腐蚀，导致抗浮结构的服役性能严重退化，过早退出服役，极大地威胁地铁主体结构安全性。可见，抗浮锚杆结构的防护问题尤为突出，但目前抗浮锚杆的防腐技术还没有取得根本性的突破。因此，使用非金属材料锚杆成为最佳选择。

本书从工程实际需求出发，将玻璃纤维增强聚合物（glass fiber reinforced polymer，GFRP）材料引入抗浮锚杆体系，能够克服传统钢筋锚杆存在的地下水腐蚀和电化学腐蚀等问题，特别适用于硬质岩土层而又不容许采用钢筋锚杆的工程，如岩石地基上的地铁车站等工程。作者通过采用新型光纤测试方法，全面研究 GFRP 抗浮锚杆的界面应力分布、荷载传递规律和破坏机制，从新的视角剖析抗浮锚杆的变形组成，提出变形及承载力双控制的设计理念，为 GFRP 抗浮锚杆的推广应用奠定理论基础。书中主要内容如下。

1）通过螺纹 GFRP 抗浮锚杆与螺纹钢抗浮锚杆现场拉拔破坏性试验，成功地将植入式裸光纤光栅传感技术应用于 GFRP 抗浮锚杆拉拔试验中，探索风化岩地基中全长黏结 GFRP 抗浮锚杆在荷载作用下的承载特征、荷载传递机制及破坏机理。

2）基于 GFRP 抗浮锚杆和钢筋抗浮锚杆的现场黏结强度试验，研究风化岩地基中 GFRP 抗浮锚杆与钢锚杆的界面（锚筋-锚固体界面和锚固体-岩土体界面）黏结特性和承载性状。

3）开展不同锚固形式和不同锚固长度的室内大型构件对拉试验，明确 GFRP

抗浮锚杆与基础底板的锚固性能，确定 GFRP 抗浮锚杆与基础底板的合理锚固方法。

4）通过 GFRP 抗浮锚杆在长期荷载作用下的拉拔蠕变试验，建立 GFRP 抗浮锚杆抗拔的蠕变力学模型，计算模型中的蠕变参数并对模型的正确性进行验证。引入损伤力学理论，结合蠕变力学模型推导 GFRP 抗浮锚杆的长期抗拔力。

5）通过试验求取 GFRP 抗浮锚杆的“全变形”，对 GFRP 抗浮锚杆工作机制建立新的认识，提出滨海地下结构非金属抗浮锚杆变形及承载力双控的设计理念。

本书是作者在国家自然科学基金“GFRP 抗浮锚杆体系多界面剪切特性研究”（51708316）、山东省自然科学基金重点项目“GFRP 抗浮锚杆体系长期承载性能与设计方法研究”（ZR2020KE009）、中国博士后科学基金“不同加载路径下 GFRP 抗浮锚杆承载特性试验研究”（2018M632641）、山东省博士后创新项目“GFRP 抗浮锚杆体系累积变形特性与设计方法研究”（201903043）、山东省高校蓝色经济区工程建设与安全协同创新中心子课题“复合材料抗浮锚杆成套技术开发与产业化”、山东省高等学校青年创新团队——“近海工程防灾减灾创新团队”专项经费等共同资助下研究并撰写而成。

在作者做科研和撰写本书的过程中，张宗强、李伟伟、张舜泉、贾科科、朱磊、赵天杨、匡政、郑晨、王海刚、井德胜等做了大量工作，闫楠副教授、王永洪博士在本书的撰写过程中提供了许多宝贵的意见，在此对他们表示诚挚的感谢。

希望本书能对我国土木工程领域的教学、科研与设计工作有所帮助，这是作者最大的愿望。由于作者的水平有限，书中可能存在不足之处，敬请同行和广大读者批评指正。

白晓宇

2021 年 6 月

目　录

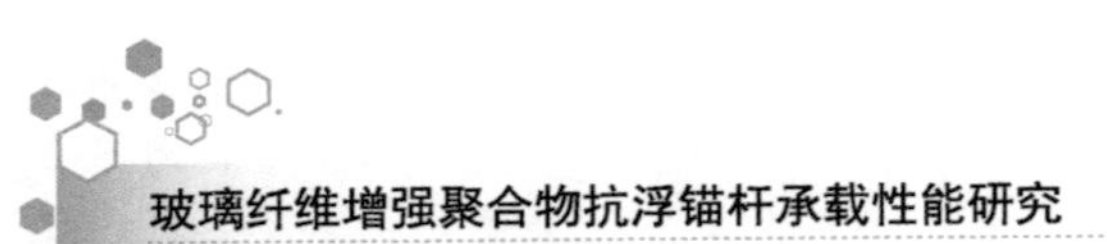

第1章 绪　论

1.1 研究背景

岩土锚固是一门应用广泛且仍在迅速发展的工程技术，但近年来用作支护的金属锚杆耐久性频频出现问题，锚杆安全性备受关注。有调查表明，经过10年的服役期，在地下巷道腐蚀环境中未采取保护措施的管式锚杆腐蚀严重，大多数锚杆的寿命接近终结。由此联想到已经使用多年且状况不佳的其他金属锚杆，故其有“定时炸弹”之说。于是，复合材料锚杆应运而生，其所用的复合材料主要是玻璃纤维增强聚合物。GFRP 是以玻璃纤维为增强材料，合成树脂为基体材料，采用纤维纱浸渍含有固化剂、促进剂等多种助剂的不饱和聚酯树脂等树脂胶液后，经过拉挤、缠绕螺纹、固化一次成型而形成的一种新型材料。GFRP 锚杆具有抗拉强度高、质量轻、抗腐蚀、抗电磁干扰、可用于光纤监测等优点，同碳纤维增强聚合物（carbon fiber reinforced polymer，CFRP）、芳纶纤维增强聚合物（aramid fiber reinforced polymer，AFRP）相比，其价格低廉，性价比较高，近年来在边坡加固、基坑支护等工程上得到了较多的研究和应用。

随着城市地下空间的开发利用，地下建（构）筑物的基础埋深不断加大，当结构荷载不能抵抗地下水的浮力时，抗浮问题也随之而来。与降排水法、压重法、抗拔桩等抗浮技术相比，抗浮锚杆具有地层适应性强、单点受力小、便于施工、工期短、造价低等优点，在地下工程中得到广泛的应用。普通钢锚杆虽然在锚杆工程中采用对中支架、注浆浆液中掺入防腐剂等防腐技术措施，但抗浮锚杆所处环境比普通支护锚杆更差，为常年水下或干湿交替区域。沿海地区的地下水中常含有 Cl^-、SO_4^{2-} 等离子，使金属锚杆遭受化学腐蚀，特别是在地铁等城市轨道交通建设项目中，由直流供电系统产生的杂散电流，弥漫在道床及其周围岩土介质中，会对常规钢锚杆产生电化学腐蚀，而通常所做的防护并不能从根本上解决问题。因此，锚杆结构的防护问题更为突出，但目前锚杆的防腐技术还没有取得根本性的突破。在这种情况下，使用非金属材料锚杆成为最佳选择。

随着城市基础设施建设的加速进行，抗浮锚杆的使用量不断增加，GFRP 抗浮锚杆的应用有利于保障工程安全和降低工程造价，是一项迫切而有意义的工作。随着社会生活的不断发展和进步，人们对建（构）筑物安全性的期待值越来越高，而且用 GFRP 材料代替金属材料，可以减少污染、保护环境，因此 GFRP 抗浮锚杆有着广阔的应用前景，将有力提升城市建设和环境综合治理水平。

1.2 国内外研究现状

对于传统的钢筋锚杆，力的传递由锚杆杆体传到锚固体，再由锚固体传到周围岩土体，锚杆杆体与锚固体界面的性质并不是该力学传递系统的研究重点，但对于 GFRP 锚杆，杆体弹性模量比钢锚杆低，杆体与锚固体界面的力学性态是需重点研究的问题。

目前，国内外鲜有直接研究或应用 GFRP 抗浮锚杆的报道，仅在与之相关的普通金属（抗浮）锚杆和普通 GFRP 锚杆方面进行了研究。

1.2.1 普通金属（抗浮）锚杆研究现状

20 世纪 70 年代，Fujita 等（1978）基于 30 例现场测试结果，提出临界锚固长度的概念。在一定岩土介质中，锚杆的抗拔承载力随锚固长度的增加而增大，但锚固长度存在一个极限值，超过这个极限值，锚杆的抗拔承载力不会显著增加，这个极限值被称为临界锚固长度。临界锚固长度问题的研究，涉及锚固类结构杆体第一界面（杆体-注浆体）、第二界面（注浆体-孔壁岩土）以及围岩体剪应力（或称侧阻力、黏结力）的分布形态问题，情况较为复杂。研究临界锚固长度问题的目的，是为了彻底告别目前采用的界面平均剪应力的概念和设计方法。

临界锚固长度问题的研究核心是界面剪应力分布特性。曾宪明等（2009）研究认为，对于锚固段较长的预应力锚杆，加载初期，剪应力峰值出现在临近自由段，远端为零值点。随着荷载的不断增大，锚固段前端的黏结力则显著下降，黏结力峰值逐步向锚固段深部转移。在剪应力峰值点发生转移的同时，零值点也会向杆体深部转移。

测试试验方面，直接把应变片粘贴在锚杆筋体表面，能够测得第一界面剪应力分布规律，试验结果表明剪应力分布不均匀，但峰值剪应力转移等特性仍未明了；而对第二界面上剪应力分布形态的研究，因为试验困难而进展不大。曾宪明等（2008a）对第二界面剪应力测试方法做了改进，在装有锚杆的 PVC 管中先行注浆，而后粘贴应变片，再浇入混凝土，该做法与工程实际存在差别，且测试数据偏少。张永兴等（2010）采用高密度板做成的支架固定应变砖，测试了模型试验锚固体砂浆内的应力。关于在不同深度剪应力沿垂直于杆体轴线方向（水平方向）衰减的问题，测试数据较少。

抗浮锚杆是岩土锚固的一种类型。抗浮锚杆的荷载来自高出底板水位的地下水浮力。在金属抗浮锚杆力学性态方面，研究围绕锚杆轴力分布、注浆体黏结力的分布、周围岩土体剪力与剪切变形、群锚效应等问题展开。

Lutz 等（1967）对变形钢筋在混凝土中的滑移特征展开了研究。Hanson（1969）和 Goto（1971）认为钢筋锚杆的表面形状对锚固力有着极其重要的影响。

Ostermayer 等（1977）和 Evangelista 等（1977）分别对粒状土和黏性土中的锚杆进行测试，发现锚固体表面摩阻力沿锚固长度分布不均匀。

Phillips（1970）在假设锚固体表面摩阻力沿锚固长度呈幂函数分布的基础上，给出适用于岩石锚杆的相关参数。同时，将钢筋与混凝土结合应力的研究成果直接用于锚杆问题，假设锚杆与锚固体的结合应力按负指数分布。

陆士良（1998）以岩石地基中的短锚杆为研究对象，用中性点处的轴力表示锚杆的黏结能力，探讨了黏结力在锚杆周围的分布规律。

尤春安（2000）利用 Mindlin 问题的位移解推导出全长黏结锚杆受力的弹性解，探讨了其受力特征及影响因数，为锚杆的设计与计算提供一种理论依据。

张季如等（2002）建立锚杆荷载传递的双曲函数模型，获得锚固体与周围岩土体的摩阻力和剪切位移沿锚固长度的分布规律，将灌浆锚杆应用于基坑支护并取得较好成果。

贾金青等（2002）通过滨海大型地下工程抗浮锚杆的破坏性试验，测试了锚杆在岩土中剪应力的分布规律，得出抗浮锚杆的抗拔力。研究表明，锚固体与周围岩土体界面的剪应力沿锚杆长度呈非均匀分布，在孔口附近最大，从孔口沿锚杆长度逐渐衰减。

陈棠茵等（2006）以线弹性理论为基础，推导出抗浮锚杆的轴力、摩阻力及各部分变形与锚杆各参数的相互关系，获得了抗浮锚杆摩阻力和剪切位移沿锚固长度的分布规律，并证实了锚固体与周围岩土体界面变形为土层抗浮锚杆变形的主要部分。

张明义等（2008）对青岛某重点工程的抗浮锚杆进行破坏性拉拔试验，测试杆体的轴力、锚杆杆体与锚固体界面剪应力沿锚杆长度的分布规律。结果表明，锚杆轴力沿锚杆长度呈不均匀分布并且超过一定长度后不再受力，进而确定出青岛地区中风化花岗岩中抗浮锚杆的有效的锚固段长度和极限抗拔承载力。

赵洪福（2008）采用有限元分析软件 ANSYS 对不同锚固长度和不同岩石强度下抗浮锚杆的单锚以及群锚效应进行分析。结果表明，锚固长度越长，达到极限抗拔承载力时的位移越大；基岩的风化程度对抗浮锚杆的承载力影响较大；群锚效应使得锚杆群中单根抗浮锚杆的极限抗拔承载力减小到单锚中单根锚杆极限抗拔承载力的 0.6 倍左右。

孙涛等（2017）采用不同的施工工艺进行现场试验施工，得到具有不同几何形状和不同锚土界面特征的抗浮锚杆。通过现场拉拔试验得到抗浮锚杆的应力应变关系及极限抗拔力。结果表明，采用变截面的锚固体和改善锚土界面特征可显著提高锚杆的抗拔承载力。

马骥等（2013）结合工程实例与相关规范要求，探讨了承压型预应力抗浮锚杆的设计原则、设计方法，概括总结了此类锚杆设计计算的相关内容，同时，提出抗浮锚杆顶部开裂控制计算的相关原则与验算方法。

付文光等（2014）总结了国内对抗浮锚杆及锚杆抗浮体系稳定性的研究成果，结合抗浮锚杆工程设计施工中存在的问题，针对岩土工程的不确定性，提出抗浮锚杆及锚杆抗浮体系的抗浮稳定性验算公式宜采用综合安全系数法、分项系数表达方式，并给出相应分项系数及安全系数的取值。

张明义等（2016）通过专门设置的现场拉拔试验，对相同直径与弯曲半径、不同竖直锚固长度与弯折长度的钢筋抗浮锚杆的试验研究发现，不同型号的钢筋抗浮锚杆荷载滑移曲线的变化规律相似，滑移量都随荷载的增大而增大，曲线为双折线形式，由缓和段和陡降段两部分组成，存在明显拐点。此外，其还提出当其他条件相同时，不同竖向锚固长度的钢筋抗浮锚杆，在相同荷载作用下，锚固长度越小，滑移量越大；不同弯折长度的锚杆，当荷载水平相同时，滑移量随弯折长度的减小而增大。

1.2.2 GFRP 锚杆研究现状

美国早在 20 世纪 60 年代初开始对纤维增强聚合物（fiber reinforced polymer，FRP）筋进行研发，其研究主要集中在 GFRP 筋，经过 30 年的研究，认为采用 GFRP 筋替代普通钢筋解决钢筋锈蚀问题是卓有成效的方法。20 世纪 80 年代，康奈尔大学等院校成功进行了有黏结预应力 FRP 配筋束的小比例梁试验，并开发了 GFRP 筋束以及与预应力 GFRP 筋束相匹配的连接锚固装置。1991 年美国混凝土协会（American Concrete Iustitute，ACI）成立了 ACI440 委员会，负责对 FRP

加固混凝土与砌体结构开展研究。1993 年 ACI 在加拿大主办了第一届国际纤维增强复合材料学术会议。

在欧洲，对 GFRP 材料的研发始于 20 世纪 80 年代，初期的研发工作以德国为中心。1978 年，德国拜尔化学厂和施屈老柏建筑公司联合制成名为 Polsystal 的 GFRP 筋和后张用锚具，并将 GFRP 筋用于德、奥两国的几座桥梁上。1980 年，首先在一座试验性人行桥上采用了 GFRP 筋；1986 年在杜塞多夫一座通行重型货车的桥梁上使用了预应力 GFRP 筋，建成世界上第一座采用 FRP 后张绞索的公路桥。1996 年，以英国为首的欧洲诸国成立了研制 FRP 筋的联合攻关组织，为在土木工程领域中制定 FRP 筋的试验方法标准和设计施工规程，专门设立了研究 FRP 材料的重大欧共体合作研究项目；瑞士 Weidman 公司研制出全螺纹 FRP 锚杆、中空注浆 FRP 锚杆及全螺纹 FRP 锚索，并成功地应用于矿山建设和隧道工程；法国 Calcite 公司研发出简单实用的 GFRP 锚杆；1991 年初，苏联生产出第一批以玻璃纤维为增强材料的绞合式聚合材料锚杆并实施了矿井下工业性试验。

在日本，从 20 世纪 70 年代开始采用试配法研制 FRP 材料，经过 10 年的研究取得重大突破。现已开发出 FRP 筋、FRP 绞线、三维和平面格状材、片材及板材等各种 FRP 产品，并于 1993 年编制了世界上第一个 FRP 设计施工规范。1997 年，在日本诞生了世界上第一个关于 FRP 材料增强混凝土结构的设计规程。近年来，日本的 FRP 结构设计转向“基于性能设计”(performance-based design)。

与发达国家相比，我国对 FRP 筋的研究及应用起步较晚，FRP 材料在土木工程中的研究与开发，基本是从 20 世纪 90 年代中期开始的，主要针对 GFRP 筋的生产工艺及 GFRP 筋在混凝土结构中的性能进行了初步研究。中国土木工程学会混凝土及预应力混凝土分会于 2000 年 6 月成立了“FRP 材料及其工程应用专业委员会”，同时在北京召开了首届关于 FRP 材料增强混凝土结构学术会议。国家自然科学基金委员会于 2002 年启动了“纤维增强塑料在土木工程中应用的基础研究”的重点项目，主要针对 FRP 材料性能、FRP 新型结构体系、FRP 筋混凝土及预应力混凝土结构、FRP-混凝土组合结构、FRP 加固结构的基础理论问题进行系统、深入的研究，并提出设计理论和方法。目前，虽然已有不少厂家生产 GFRP 筋材，但其作为抗浮锚杆应用于结构抗浮的研究还较少。

复合材料锚杆的出现，为岩土锚固增添了新的手段，特别是复合材料优异的耐腐蚀性和介电性，解决了困扰岩土锚固界耐久性的难题。对 GFRP 锚杆的研究也多方面展开，主要包括锚杆的破坏特征、黏结滑移、杆体应力传递、剪应力分布、锚固体应力及锚具研发等方面。

国外学者对于 FRP（GFRP）的研究主要集中在 FRP 加筋混凝土上，Larralde

等（1993）基于 FRP 筋和钢筋在混凝土的拉拔试验，探讨了 FRP 筋在混凝土中的黏结强度。

Benmokrane 等（1996）认为 FRP 筋与混凝土的黏结破坏形式是 FRP 筋表面肋脱落，由于混凝土抗压强度高于 FRP 筋螺纹肋的抗剪强度，当混凝土立方体抗压强度 f_{cu}>30MPa 时，混凝土强度的变化对 FRP 筋的黏结强度影响甚微。

Tighiouart 等（1998）通过对 2 种 FRP 筋 64 个梁式试件和 18 个拉拔试件的测试，研究 FRP 筋的黏结性能。结果表明，相近的拉拔荷载下，GFRP 筋与混凝土的界面黏结强度低于钢筋与混凝土的界面黏结强度，给出 GFRP 筋的最大平均黏结强度取值为 5.1～12.3MPa，并提出一种新型的黏结-滑移模式。

Katz（2000）探讨了温度对 FRP 筋黏结性能的影响。试验表明，黏结强度随着温度的升高均有所减小，降低幅度与 FRP 筋的类型有关。低温养护和低温环境中试验时得到的黏结强度比高温时大。

Benmokrane 等（2000）指出 FRP 筋的蠕变特性控制了预应力 FRP 锚杆的长期抗拔承载能力，并建议 AFRP、CFRP 锚杆的工作荷载分别为锚杆杆体极限抗拉强度的 40%～50%。

Zhang 等（2002）选用 4 种 FRP 筋、3 种水泥砂浆并采用 2 种不同黏结长度进行 FRP 与水泥砂浆的黏结性能试验，建立 FRP 筋与水泥砂浆黏结-滑移关系的分析模型。研究表明，黏结长度、FRP 筋的表面形态、灌浆体特性及径向锚固刚度对 FRP 筋与灌浆体的黏结强度有较大影响。

Achillides 等（2004）通过 130 个立方体拔出试件，研究了不同类型 FRP 筋的黏结性能，认为影响普通混凝土与 FRP 筋黏结强度的主要因素包括 FRP 筋的锚固长度、类型、形状、表面特征、直径及混凝土强度。

Tastani（2006）通过加载端滑移量和黏结强度来量化承载性能极限状态，总结出 GFRP 筋在普通混凝土中的黏结-滑移曲线形式，分析了 GFRP 筋黏结力-滑移的基本原理。

Okelo（2007）通过不同直径 *d*（10mm、16mm 和 19mm）、不同锚固长度（10*d*、15*d*、20*d*）及不同类型筋材（GFRP、CFRP、钢筋）的 26 个梁式试验探讨了普通混凝土中每种筋的荷载-挠度关系、黏结力-滑移关系及破坏模式。研究表明，FRP 筋的黏结强度低于钢筋。

Bakis 等（2007）提出一种包含混凝土保护层开裂的局部黏结-滑移模型，而且认为 FRP 筋与混凝土的界面破坏与黏结-滑移有关。

Lee 等（2008）认为 GFRP 筋界面黏结强度随混凝土抗压强度的增大而增大，但是黏结强度的增加幅度比钢筋与混凝土的界面黏结强度小得多。

Kim 等（2010）提出一种可以量化 FRP 锚杆拉拔力的分析模型，并对模型参数及关键变量进行研究。

Robert 等（2010）介绍了不同拉应力水平下 GFRP 筋的物理、力学及耐久性特征，并利用显微镜观察了 GFRP 筋中纤维和基质的劣化情况。

Masmoudi 等（2011）发现随着温度的升高，GFRP 筋与混凝土的界面黏结强度没有显著降低，在 80℃的温度下，经过 8 个月的持续加载，其界面黏结强度最多减少 14%。

Arias 等（2012）通过 GFRP 筋表面喷涂粗砂来改善 GFRP 筋与混凝土的界面黏结强度，并分析了砂的粒度、GFRP 筋的直径和嵌入长度、混凝土强度对界面黏结强度的影响，最终得出在 GFRP 筋表面喷涂细砂能显著提高 GFRP 筋与混凝土的化学胶着力。

Robert 等（2013）预测了 100 年后 GFRP 筋的抗拉强度分别为极限抗拉强度的 70%（年平均温度为 50℃）和 77%（年平均温度为 10℃），这一抗拉强度大于 ACI 440.1R 的设计抗拉强度。

Lee 等（2014）基于 30 个测试试件，研究了 GFRP 筋在单调或反向循环荷载作用下的黏结强度。结果显示，GFRP 筋完全不同于钢筋，循环加载的界面强度比单调加载降低更为显著。

Vilanova 等（2015）分析了 12 个拉拔试件在 90～130d 的持续荷载作用下 GFRP 筋混凝土的时间-滑移关系及黏结力分布情况。

崔凯等（2018）探究了采用 1%浓度的改性糯米灰浆进行灌注的木锚杆、螺纹钢筋锚杆与全螺纹 GFRP 锚杆锚固体系的黏结性能差别，拉拔试验结果表明，GFRP 锚杆改性糯米灰浆锚固系统的破坏特征及协同作用均介于木锚杆锚固系统与螺纹钢筋锚杆锚固系统之间。

Özkal 等（2018）对比了在 0～600℃的温度下钢筋与混凝土间的黏结强度与 GFRP 筋与混凝土间黏结强度变化的差异，试验结果表明虽然两者与混凝土间黏结强度随温度升高而近似呈线性降低，但在温度较低时 GFRP 筋与混凝土间的黏结作用发挥得更为均匀稳定。

Sandor 等（2019）对不同温度下的 GFRP 加筋混凝土试件进行拉拔试验探究其黏结性能的差异，试验结果表明 GFRP 加筋混凝土试件在 80℃以下的温度状态工作时其弹性模量无明显改变，GFRP 筋与混凝土间黏结性能也较为稳定。匡政等（2019）对直锚 GFRP 锚杆、弯锚 GFRP 锚杆、直锚钢筋、弯锚钢筋分别进行现场拉拔试验，试验结果表明在相同试验环境下竖直锚固的 2 种抗浮锚杆均发生黏结滑移破坏，弯曲锚固的 GFRP 锚杆基本发生黏结滑移破坏而弯曲锚固的钢筋锚杆均发生断裂破坏。

在 FRP 筋的锚固长度设计或取值方面，国外许多学者如 Russo 等（1990）、Ehsani 等（1996）、Soudki（1998）、Sakai 等（1999）、Focacci 等（2000）、Benmokrane 等（1996，2000）、Lorenzis 等（2004）、Novidis 等（2007）、Ozbakkaloglu 等（2009）、Vint（2012）、Martí-Vargas 等（2014）均针对 FRP 筋的黏结锚固性能进行了大量的拉拔试验，通过分析试验结果总结出了平均黏结力和锚固长度的计算公式，并给出相应的设计取值；此外，基于对不同类型 FRP 筋的黏结-滑移曲线和影响黏结力诸多因素的分析，提出了三种黏结-滑移模型，即 BEP 模型、Malvar 模型、CMR 模型。Chaallal 等（1992）建议，GFRP 在混凝土中的锚固长度可近似取 $20d$（d 为锚杆直径）。Ehsani 等（1996）测试了 18 个拔出试件和 48 个梁式试件，推导出 GFRP 筋锚固长度的计算公式并对其进行修正，但是 FRP 筋的黏结强度及相关影响因素的取值还未能统一。

FRP（或 GFRP）锚杆替代钢筋锚杆方面的研究在我国起步较晚，目前已有学者做了相应的试验研究。薛伟辰等（1999）首次在国内开展 FRP 锚杆的试验研究，通过 36 个拉拔试件的试验结果，对 FRP 筋与不同的锚固介质（水泥灌浆、混凝土、环氧树脂）之间的黏结锚固性能进行了较为系统的研究。

高丹盈等（2000）利用 18 根拉拔试件和 64 根梁式试件的试验得到 FRP 筋与混凝土黏结性能的试验结果，探讨了 FRP 筋直径、锚固长度、混凝土强度、混凝土浇筑深度对界面黏结性能的影响，分析了 FRP 筋与混凝土之间的应力传递机理，提出了 FRP 筋锚固长度的计算公式。

张向东等（2001）基于纤维硬塑复合材料的正交试验结果，研究了锚杆直径和固化时间对锚杆杆体强度的影响，并详细分析了 FRP 锚杆杆体的损伤破坏机制。

高丹盈等（2002）根据 FRP 筋与混凝土之间的传力机理，讨论了黏结力、FRP 筋应力以及锚固长度之间的关系，建立了 FRP 筋混凝土黏结计算的基本公式，提出了黏结-滑移的连续曲线本构模型，并讨论了锚固长度的计算问题。

周红安等（2003）通过水泥灌浆玻璃钢杆的拉拔试验，分析了玻璃钢锚杆的受力和破坏机理。

高丹盈等（2004）讨论了 FRP 锚杆的组成、生产工艺、优点及其工程应用，并对 FRP 锚杆锚具的设计问题进行了研究。同年，薛伟辰等（2004）认为 FRP 筋的黏结强度略低于钢筋的，混凝土强度对 FRP 筋的黏结强度影响较大，梁式试验得到的 FRP 筋黏结强度稍低于拉拔试验得到的 FRP 筋的黏结强度。

刘汉东等（2005）基于 3 种不同直径的 GFRP 锚杆试件进行拉伸力学性能试验，研究了 GFRP 锚杆基本力学指标，讨论了其基本破坏形态，同时，与螺纹钢的力学性能指标和经济指标进行了比较。同年，黄志怀等(2005)和张国炳等(2005)采用 BOTDR 技术，对 GFRP 锚杆轴向应变进行分布式监测，得到试验锚杆通体的轴向应变。

李国维等（2006）采用锚杆应力计和分布式光纤技术测量锚杆应力的现场拉拔试验，研究不同荷载水平下 GFRP 锚杆的承载力特征及应力应变分布规律。同年，贾新等（2006）建立一种改进的拉伸试验模型，基于此试验模型，对不同锚固长度、不同直径、不同抗压强度砂浆锚固下的 GFRP 锚杆进行拉伸试验，对 GFRP 锚杆的破坏模式、拉拔承载力、临界锚固长度、平均黏结强度及钢筋锚杆拉拔特性进行探讨，对砂浆 GFRP 锚杆的黏结性能进行系统全面的分析评价。同年，郭恒宁等（2006）认为 GFRP 筋混凝土与钢筋混凝土的破坏机理有本质区别，GFRP 筋混凝土滑移破坏以 GFRP 筋表面肋的削弱或剪切破坏为主要特征，而钢筋混凝土产生滑移时主要以混凝土撕裂和压碎为主，两者的差别主要是由 GFRP 筋表面硬度和抗剪强度低于混凝土所致。

李国维等（2007）通过 3 个 GFRP 锚杆结构模型的拉拔破坏性试验，验证了 GFRP 锚杆拉拔模型的正确性，揭示了锚杆杆体应力传递深度随锚固体强度的变化规律，给出全螺纹 GFRP 锚杆剪应力峰值的变化趋势，结合锚固体内的应力分布规律，充分论证了 GFRP 锚杆结构可能的破坏形态和黏结破坏机制。同年，王钊等（2007a，b）基于无灌浆和灌浆 FRP 螺旋锚的现场拉拔试验，发现无灌浆锚杆的最大拉拔力约为 10kN，而灌浆锚杆的拉拔力提高 15～20kN，且位移较小，并将拉拔试验结果与现有拉拔力公式的计算值进行比较。

黄志怀等（2008b）利用原位试验结果，系统分析了不同围岩条件下 GFRP 锚杆的承载特性，验证了 GFRP 锚杆的可行性，研究了全螺纹 GFRP 锚杆破坏机制和应力-应变规律。研究表明，随着围岩风化程度的增加，GFRP 锚杆应力-应变在锚固体内的传递深度增加，而围岩和砂浆接触面黏结强度降低。同年，彭衡和等（2008）通过 GFRP 锚杆加固某红砂岩边坡工程实例证明了 GFRP 锚杆应用于边坡加固工程是可行的。

黄生文等（2009）通过室内试验和理论分析方法，研究了 GFRP 锚杆轴力和剪应力沿锚杆轴向长度的分布规律，并采用有限元计算方法对试验结果进行了验证。

刘颖浩等（2010）通过全螺纹 GFRP 锚杆的拉拔试验，测试并分析了 GFRP 锚杆在锚固工程中与围岩的黏结性能，并给出 GFRP 锚杆的抗拔承载力计算公式和锚固设计中各参数的确定方法。以 M15 普通砂浆为锚固介质时，建议锚固长度选用 20d（d 为锚杆直径）。同年，黄军等（2010）在经典拉伸、剪切试验模型的基础上，通过改进的拉伸和剪切试验，较为准确地得到了 GFRP 锚杆的拉伸、剪切试验参数及破坏形态。

江学良等（2011）研究了 GFRP 筋的表面形状与表面处理方法，以及 GFRP 锚杆直径和锚固长度、混凝土强度等级及环境因素对 GFRP 锚杆黏结强度的影响，指出 GFRP 锚杆的黏结-滑移模型与黏结长度计算公式的适用条件。

朱鸿鹄等（2012）通过引入 Merchant 流变模型，建立了表征玻璃纤维聚合物锚杆拉拔时效特性的黏弹性流变模型，利用有限差分方法得到了锚杆位移、轴力及剪应力沿锚杆轴向长度的分布规律及其随时间变化的规律。

李国维等（2013b）采用内置光纤光栅的 GFRP 锚杆拉拔结构模型试验，在长期循环荷载作用下，测试了 GFRP 锚杆与 C30 混凝土的黏结强度变化规律和黏结破坏的发展历程，研究了大直径 GFRP 锚杆在框架梁锚固条件下的受力破坏机制。

李国维等（2014）采用预应力施加装置完成循环加载，利用光纤传感技术监测 GFRP 锚杆杆体应变，揭示了循环荷载作用下 GFRP 锚杆在砂浆黏结条件下的拉拔力发展变化过程。

罗小勇等（2014）通过 12 个拉拔试件在冻融循环作用下的黏结试验发现，冻融循环作用会导致 GFRP 锚杆黏结性能劣化，峰值滑移增加。

Yoo 等（2015）对比 GFRP 锚杆和钢筋锚杆分别与超强性能纤维增强混凝土（UHPFRC）锚固处黏结强度时发现：不同锚固于普通强度混凝土中，GFRP 锚杆锚固在 UHPFRC 中锚固黏结强度低于钢筋混凝土强度 66%～73%，GFRP 锚杆表层树脂纤维与 UHPFRC 易发生由黏结失效造成的黏结强度降低。

Fava 等（2016）在探究不同直径的 GFRP 锚杆在受到拉拔荷载，杆体与锚固体黏结界面的破坏形态变化时，通过非线性有限元方法对 GFRP 抗浮锚杆拔出时与锚固混凝土间破裂面的发展进行模拟分析，模拟结果与试验结果相符度极高，验证了非线性有限元模拟方法的可靠性。

李明等（2018）结合深圳某隧道工程，对钢筋锚杆及 GFRP 锚杆对Ⅴ级，Ⅳ级围岩的支护效果进行对比，经试验锚杆的受力分析可知，外加荷载对 GFRP 锚杆的影响远低于对普通钢筋锚杆的影响，且 GFRP 锚杆在工程中受力远低于其极限抗拉强度，证实了 GFRP 锚杆用于隧道支护的可行性。

Gooranorimi 等（2017）对锚固于混凝土中表面喷砂 GFRP 锚杆进行拉拔试验，并利用 ABAQUS 有限元软件建立只有 1 个变量的 GFRP 锚杆黏结-滑移模型，该模型可对 GFRP 抗浮锚杆发生黏结滑移拔出及混凝土开裂破坏进行预测，将有限元模拟与黏结滑移模型相结合的分析方法为 GFRP 锚杆在抗浮领域中的应用研究提供了新的思路。

Wang 等（2018）模拟了矿道工程中爆破荷载对全灌浆 GFRP 锚杆的影响，结合开尔文解对爆破环境下 GFRP 锚杆的轴应力及剪应力传递规律进行描述，并对受力特征进行分析，为矿道工程中 GFRP 锚杆的设计提出新的理论观点。

Kou 等（2019）在 GFRP 锚杆内植入 FBG 传感器及应力-应变传感器后一起锚固于混凝土进行拉拔试验，对试验结果进行分析后提出 GFRP 锚杆存在临界锚固长度，剪应力传递至临界锚固长度深度后逐渐减小至消失。

在锚具研究方面，詹界东等（2006）总结了国内外预应力 FRP 筋的锚具研究成果，从锚固受力原理上锚具可分为机械夹持式和黏结型两大类，并由此派生出许多组合式锚具系统。其中机械夹持式锚具包括分离夹片式锚具、锥塞式锚具、压铸管夹片式锚具；黏结型锚具包括套筒灌胶式锚具、杯口封装式锚具；组合式锚具包括夹片-黏结型锚具、夹片-套筒型锚具；此外，国外学者还研究开发了一种非金属锚具，这种锚具由特制的超高性能混凝土（抗压强度高达 200MPa 及以上）制成的锚环和夹片组成。

吕国玉（2003）为避免金属锚具的腐蚀现象发生，设计研究了一种非金属锚具，使锚具在预应力构件的整个使用寿命期间不会影响纤维筋的强度。

薛伟辰（2005）采用锚杯式锚具进行非金属锚杆界面黏结强度试验，试验结果表明，锚杯式锚具的锚固性能达到了预期目标。同年，吕志涛（2005）介绍了国内某高性能 FRP 拉索斜拉桥，其锚具为套筒黏结型锚具。孙志刚（2005）以活性粉末混凝土为黏结介质，分别研究了黏结长度为 200mm 的夹片式锚具和一种改进的黏结式锚具组装件的抗疲劳锚固性能。试验表明，该类锚具具有良好的动力抗疲劳性能。

孙玉宁等（2006）设计了一种端锚可回收的树脂锚杆，并应用于巷道加固，锚固端由托盘和固定螺母组成。当巷道产生变形时，锚杆杆体将托盘的压力传递到固定螺母上，再将其转移到周围岩体中，从而实现了约束围岩变形，维护巷道自身稳定的目的。

黄志怀等（2008a）研制了长度为 80mm 的螺纹耦合对开钢夹具，克服了树脂抗压强度较小的缺陷，解决了试验过程中 GFRP 锚杆“滑脱”和“抽芯”问题。

Valter 等（2009）设计了一种楔形锚具。同年，袁国清等（2009）在研究小直径螺纹状 FRP 筋应力松弛试验时采用了夹片式锚具，试验过程中千分表观测到锚头的滑移量几乎为零，证实了该锚具具有较好的锚固效果。詹界东等（2009）以减少夹片与筋之间接触应力峰值为基本思路，提出一种预应力 CFRP 筋夹片-套筒型锚具。张夏辉（2009）设计了一种新型的弹簧夹片式锚具。

蒋田勇等（2010）提出一种锚固 CFRP 筋的复合式锚具。该锚具由黏结锚固端和楔紧锚固端组成，其中黏结锚固端包括钢套筒和黏结介质活性粉末混凝土（reactive power concrete，RPC），楔紧锚固端包括锚杯、铝套管、带有凹齿的夹片及塑料薄膜。同年，师晓权等（2010）为避免 GFRP 筋被夹具夹碎，在加载端设计了一种粘贴式钢套管。

李季（2011）设计了一种由锚头、螺栓和高强纤维布组成的自锁式锚具，自锁式锚具可通过扭矩扳手来控制预应力大小。

李国维等（2012）采用一种金属套筒锚固方法，在杆体与金属套筒间充填无声破碎剂，通过杆体与套管间压力的增加提高杆体表面的剪应力。金属套筒一方面能在结构中起到连接作用，另一方面还可以阻止填充材料的膨胀与劈裂。试验研究表明，套筒的弹性模量对锚具极限承载力有较大的影响，但其存在一个临界值。套筒的弹性模量越高，对填充材料的约束作用越强，从而提高了 FRP 筋与填充材料的黏结性能，当套筒的弹性模量超过某一个临界值后对锚具极限承载力影响甚微。

李国维等（2013b）为了分析常规套管灌胶锚固方式能否满足应力松弛试验要求，采用钢管填充膨胀剂端部封闭锚固法测试大直径足尺寸喷砂 FRP 筋材料的应力松弛特性，结果表明，采用这种锚固方法，加载后端部滑移小，可达到锚固目的。

郁步军等（2014）设计出一种制造简单、锚固性能好的单筋锚具，并对其力学性能进行测试。

孙涛等（2017）采用不同长度的金属螺母对 GFRP 锚杆锚头锚固后进行破坏性拉拔试验，试验结果表明试验锚杆均在金属螺母锚固处发生表皮层剥落破坏，在一定范围内增加金属螺母锚固长度仅能增加螺母与 GFRP 锚杆锚头间的相对位移，锚杆的极限抗拔承载力并不随金属螺母长度增加而增加。

数值模拟方面，Sayed-Ahmed 等（1998）采用 2D 有限元模型分析了 FRP 筋的径向应力变化。

朱海堂等（2004）利用递推计算和数值迭代方法实现了 GFRP 锚杆的计算模拟，得到了拉拔力与滑移之间的关系曲线。

高丹盈等（2005）提出一种 FRP 锚杆锚固性能分析的数值计算方法，通过锚固试验结果确定出计算参数，并将锚固试验结果、数值分析结果以及理论计算结果进行对比分析，验证了所提数值模拟方法（包括参数选取）的合理性。

张海霞等（2007）利用 ANSYS 非线性有限元程序，考虑各材料（FRP 筋和混凝土）及其之间的本构关系，对 FRP 筋混凝土拉拔试件建立分离式的有限元模型，并对其进行计算分析。结果表明，拉拔试件荷载-滑移曲线与试验曲线吻合较好。同年，AL-Mayah 等（2007）利用 3D 有限元模型的数值分析来改进夹片式锚具的设计，模拟结果与轴对称有限元模型相比更接近真实受力。

白金超（2008）建立了 FRP 锚杆的精细化有限元模型，在拉拔工况下，对 FRP 锚杆的承载特征进行模拟分析，揭示了锚固界面的荷载传递过程和锚固系统内力分布规律。

胡斌等（2010）采用有限差分软件 FLAC^{3D} 并结合室内土工试验研究了 FRP 锚杆改良膨胀土的可行性和效果。结果表明，FRP 锚杆能有效增加膨胀土边坡安全系数，减少滑动位移。

Li 等（2011）引入最小相对界面位移的概念，通过有限元软件讨论了两种边界条件下 FRP 筋与混凝土的界面剪应力分布。结果显示，相同荷载水平作用下，边界条件对界面剪应力峰值影响较大。

Schmidt 等（2012）认为轴对称模型对于夹片式锚具的模拟有一定的局限性，其不仅忽略了 FRP 筋表面的接触压力，而且未考虑夹片之间间隙的影响。同年，胡金星（2012）通过对 GFRP 锚杆进行拉拔试验 ANSYS 有限元模拟，并结合理论推导得到了 GFRP 锚杆最小锚固长度的计算公式和最小锚固长度建议取值。

孙晓燕等（2014）根据 FRP 筋夹片式锚具模型试验参数建立 3D 有限元模型，采用数值模拟方法对锚固体系开展了非线性受力分析。计算结果表明，在滑移动态演变过程、失效形态、极限承载力和滑移值等方面与基准试验精确吻合。

王南（2017）通过 FLAC^{3D} 数值模拟建立了土遗址用 GFRP 双锚杆锚固体系的破坏模型，验证 GFRP 双锚杆锚固体系的破坏模式及荷载-位移关系；计算结果表明该双锚锚固模型在径向、环向均存在裂隙及破坏，荷载-位移曲线为塑性回滞环型，与室内试验基本一致。

李国维等（2017）在引江济淮工程中对 GFRP 锚杆进行了现场循环加载破坏试验，试验结果表明循环荷载值及循环次数对 GFRP 锚杆与锚固岩土层间锚固界面的脱黏退化有影响，但 GFRP 锚杆锚固体系仍有大量的承载力储备空间，结合 GFRP 锚杆耐锈蚀的特点，提出 GFRP 锚杆适用于水道边坡抗浮及支护工程中。

1.2.3 GFRP 抗浮锚杆研究现状

随着城市建设的迅速发展，GFRP 锚杆在木工工程多个领域都得到了广泛应用，但在抗浮工程中应用较少。

陈巧（2009）通过 GFRP 抗浮锚杆现场拉拔试验，分析抗浮锚杆拉拔时 *Q-s* 曲线变化规律，探讨全长黏结式 GFRP 抗浮锚杆极限抗拔承载力和锚固特性。结果表明，随着荷载的增加，锚头位移变化趋于均匀，当荷载达到设计拉拔荷载时，所有试验锚杆都没有发生破坏；在设计最大荷载内，GFRP 抗浮锚杆的弹塑性位移变化趋于线性；锚杆的塑性位移随注浆体与周围土体之间位移的增加而增大，由于受杆体材料的影响，弹性位移与塑性位移相比变化较小。

杨蒙等（2013）以南京某地下车库抗浮工程为背景，对 GFRP 抗浮锚杆进行现场拉拔试验，探讨了 GFRP 抗浮锚杆的可行性和基体黏结性能。试验表明，GFRP 抗浮锚杆与砂浆之间的黏结性能与钢锚杆相比更好，极限抗拔承载力也比普通锚杆提高约 50%，且能够提供稳定的抗浮力，具有很好的抗浮效果。同年，李伟伟（2013）基于有限元软件 ANSYS 对 GFRP 抗浮锚杆外锚固荷载-变形特性进行数值模拟分析。朱磊等（2016）深入研究风化岩中玻璃纤维增强材料（GFRP）抗浮锚杆和钢筋抗浮锚杆的承载性能和变形特性，结果表明由破坏荷载可知两种材质抗浮锚杆的承载力，得出 GFRP 和钢筋抗浮锚杆的最佳锚固长度为 4～5m。朱磊等（2017）对 GFRP 抗浮锚杆现场拉拔试验得到的平均黏结强度进行分析时，提出锚杆杆体与混凝土间化学胶着力变化影响着整个锚固体锚固性能，GFRP 抗浮锚杆与混凝土间协同作用对 GFRP 抗浮锚杆锚固体系的黏结强度影响较大。匡政等（2018）对基于风化岩地基的 GFRP 抗浮锚杆进行现场破坏性试验并采用 ANSYS 软件对单锚及群锚进行数值模拟分析，通过有限元分析可知，单锚情形下，在 2.4m 锚固深度处出现位移急剧减小，该深度以上岩土体出现整体位移；因群锚效应的影响，群锚锚杆周围岩土体位移较小，群锚与单锚相比极限抗拔承载力下降了约 1/3。

白晓宇等（2019）通过现场足尺拉拔试验，探讨全螺纹 GFRP 抗浮锚杆和螺纹钢筋抗浮锚杆这两种不同材质的锚杆与混凝土底板的锚固性能，试验结果表明钢筋抗浮锚杆荷载-滑移曲线呈“双折线型”，与张明义（2016）得出的结论基本一致，而不同于钢筋抗浮锚杆，GFRP 抗浮锚杆的荷载-滑移曲线呈近似的线性规律，原因是 GFRP 抗浮锚杆与混凝土弹性模量相近，两者的协同效果优于钢筋抗浮锚杆，另外研究还表明增加两种材质锚杆的直径和锚固长度都可以限制锚杆在混凝土中的滑移。

白晓宇等（2020a）基于荷载传递法理论与 Kelvin 问题的位移解，进一步推导全长黏结 GFRP 抗浮锚杆在轴向拉拔荷载作用下轴力沿锚固深度的分布函数。结果显示，根据荷载传递法与 Kelvin 位移解得到锚杆轴力与剪应力分布函数曲线形式与试验结果相近，说明该理论合理；孔口锚固体的开裂导致锚杆轴力及剪应力分布曲线试验值主要分布范围比理论值的更大。

第2章 GFRP抗浮锚杆内锚固试验研究

2.1 引 言

抗浮锚杆是岩土锚固的一种类型。抗浮锚杆的荷载来自高出底板水位的地下水浮力。由于抗浮锚杆是一种竖向锚杆，锚杆结构不受上覆岩土层的侧压力作用，与近水平向支护锚杆作用机制不同。抗浮锚杆受拉力作用，通过锚杆杆体和灌浆形成的锚固体与周围岩土层之间的摩阻力来提供抗拔力。抗浮锚杆锚固力的大小，不仅与锚杆杆体和钻孔自身直径有关，还取决于其所在地层承受锚杆拉力时所能提供的抗力，只有在抗力大于抗浮锚杆锚固力时才能保证结构稳定。

在GFRP锚杆的拉拔试验中，要测试锚杆杆体的应力、应变或与杆体界面的黏结强度，一般使用锚杆杆体直接贴片电测类测试方法或在杆体表面采用机械开槽植入光纤光栅传感器的光纤测试技术。全螺纹GFRP筋表面凹凸不平，粘贴电阻应变片时，机械打磨会导致GFRP筋表面纤维断损，而且试验过程中随着锚杆的变形极易造成应变片脱落。另外，在锚杆表面开槽安装光纤同样会造成GFRP锚杆的初始缺陷，不能保证锚杆体纤维结构的完整性。因此，寻求一种既不破坏GFRP锚杆纤维结构，又能对锚杆工作性状进行全面监测的方法尤为重要。

黄志怀等（2010）研究表明：周围岩土体性质（对于风化岩，还包括围岩风化程度）、锚杆杆体直径、锚固长度及钻孔直径等因素对GFRP锚杆的应力传递深度有较大影响。本章重点介绍在青岛地铁一期工程（3号线）某车站场地的风化岩地基上进行的试验：①基于植入式裸光纤传感技术的GFRP抗浮锚杆现场拉拔破坏性试验，并与相同直径的钢筋锚杆进行对比分析，全面研究两种不同材质抗浮锚杆的承载特征、应力分布规律和破坏机理；②通过GFRP和钢筋抗浮锚杆的界面（第一界面和第二界面）黏结强度试验，得到GFRP抗浮锚杆的破坏形态及界面黏结特性；③通过改进的现场拉拔试验装置，研究GFRP抗浮锚杆的荷载传递机制。

2.2 GFRP 抗浮锚杆承载特性现场试验

2.2.1 光纤传感技术的发展及应用

光纤光栅传感技术是随着光纤通信技术和纤维光学的发展而产生的一种新型的光电子学技术，它的出现给土木工程及相关应用领域带来了一场里程碑式的革命。与其他传统测试技术相比，光纤光栅传感技术具有精度和灵敏度高、抗电磁干扰、寿命长、耐腐蚀、零漂小、成本低、可远距离监测、易同复合材料结合等突出优点。Hill 等（1978）制造了历史上第一根光纤布拉格光栅，标志着光纤光栅传感技术的诞生。Meltz 等（1989）在混凝土结构监测中引入光纤光栅传感器，开辟了光纤传感技术对构筑物健康监测的里程碑。Idriss（2001）采用光纤传感技术成功地对美国新墨西哥州 RioPuerco 桥的预应力损失进行了监测。后来，Kronenberg 等（1997）、Udd 等（2001）、Inaudi（2001）开展了对大坝、桥梁及隧道的监测。国内对光纤光栅传感技术研究应用起步较晚，欧进萍等（2004）采用光纤光栅传感技术对呼兰河大桥进行了运营监测，已成功地应用于高速公路、桥梁和隧道的施工与健康检测、深基坑支撑应变监测、桩身应力测试及锚杆变形监测等工程领域，并取得了很好的监测效果。

2.2.2 光纤传感技术的工作原理

在众多光纤传感技术中，光纤布拉格光栅（fiber Bragg gating，FBG）传感技术以其灵敏度高、测量精度高、可靠性好、抗电磁干扰能力强、能够进行实时监测等优点在土木工程领域被广泛应用。FBG 传感器最初由 Prohaska 等（1993）应用到混凝土结构构件的测量中，随后便有许多学者对其进行了研究与应用。

光纤光栅技术是利用光栅反射特定波长光的特性来实现传感的。其基本原理是：当光栅周围的应力、应变、温度或其他待测物理量发生变化时，会引起光栅周期或纤芯折射率的变化，最终导致光栅 Bragg 信号波长产生漂移。通过监测 Bragg 信号波长漂移情况，可获得待测物理量的变化情况，即

$$\Delta\lambda_{\mathrm{B}} = K_{\varepsilon}\Delta\varepsilon + K_{t}\Delta t \tag{2-1}$$

式中：λ_{B} 为光纤光栅的中心波长；$\Delta\lambda_{\mathrm{B}}$ 为光栅中心波长变化量；K_{ε}、K_{t} 分别为应变、温度灵敏度系数；$\Delta\varepsilon$、Δt 分别为被测结构应变、温度的变化量。

由式（2-1）可知，光纤光栅对应变和温度是交叉敏感的，因此使用 FBG 传感器时一般需要进行多光栅温度补偿，剔除温度变化带来的影响。常规做法是在 FBG 应变传感器附近埋设 FBG 温度传感器，并假定两者不受应变变化的影响，且位于同一温度场，利用测得的光栅波长变化消除温度影响，从而实现温度补偿。

由于试验过程中加荷时间较短，温度变化可以忽略不计，因此试验中杆体的应变计算可简化为

$$\Delta\varepsilon = \Delta\lambda_{\mathrm{B}} / K_{\varepsilon} \tag{2-2}$$

2.2.3 植入式裸光纤光栅传感技术

光纤测试主要分为分布式（布里渊法）和准分布式（布拉格光栅法）两种，布里渊法是用一根光纤进行连续测试，特点是适合长距离测量；布拉格光栅法是用光纤连接了一串 FBG 传感器。目前，国内学者已有将 FBG 传感技术应用于 GFRP 锚杆应力测试的实践，其中，FBG 传感系统的埋设工艺是 GFRP 锚杆应力测试领域的一个关键难题。李国维（2013a）通过在 GFRP 筋表面开槽，采用内置光纤光栅的 GFRP 筋制作锚杆结构模型，研究框架梁锚固条件下 GFRP 锚杆的破坏机制，但在 GFRP 筋表面刻槽会对其造成人为的初始缺陷。Zhu 等（2011）也在外径为 55mm 的管状 GFRP 土钉上刻上通长槽沟（宽 2.0mm，深 2.0mm）安装 FBG 传感器，然后采用布拉格光栅法对 GFRP 土钉进行现场应力测试，但在 GFRP 土钉上刻槽仍存在切断纤维的问题。刘汉东等（2005）采用布里渊光时域反射测量计技术，对沿光纤的轴向应变进行分布式监测，得到试验锚杆通体的轴向应变，但直接用环氧树脂将光纤笔直粘贴在 GFRP 锚杆表面，一方面由于锚杆表面存在凸起的螺纹，光纤不能很好地与杆体紧密黏结；另一方面布里渊测试技术适合长距离测量，布里渊法名义上可以连续测试，但空间分辨率低，测点定位精确最多只能到 20cm，不适宜对 GFRP 抗浮锚杆这样的短构件进行测试，不能对近孔口处的应力集中变化区域进行准确定位，测试结果已经反映出该问题。由此可见，只要做好光纤光栅传感系统的保护措施，同时不损坏 GFRP 抗浮锚杆杆体的纤维结构，便可将这项技术更好地应用于 GFRP 抗浮锚杆拉拔试验中，对 GFRP 抗浮锚杆荷载传递规律、界面黏结特性及破坏机制进行系统研究。

植入式裸光纤光栅传感技术是在 GFRP 筋加工成型的过程中，将裸露的光纤光栅沿 GFRP 筋轴向敷设并使其位于筋材中央，然后将纤维、树脂和裸光纤光栅一起浇筑成型。裸光纤采用 SMF28-C 光纤，直径约为 900μm，间隔一定距离刻制光栅（相当于传感器），形成多点光栅串，光栅串中心波长为 1510～1590nm，波长间隔 5nm 以上，光栅长度为 10mm，反射率≥80%，3dB 带宽≤0.3nm，边模抑

制比（SLSR）>15dB，Acrylate 涂覆，端头与外径约 3mm 的铠装光缆连接，铠装光缆与光栅尾纤熔接，熔接点加热缩保护套管，两端均采用 FC/APC 接头，光纤外表面涂覆层和保护层均为聚合物，其与 GFRP 材料具有较好的相容性，且不会改变 GFRP 筋自身的材料力学特性，试验证明裸光纤光栅植入 GFRP 筋的方法是可行的。该方法有效保证了 GFRP 锚杆纤维结构的完整性，使试验结果更准确。与传统 FBG 传感器相比，裸露的光纤光栅传感器将其外表面保护装置去掉，体积小，耐高温，植入方便，如图 2-1 所示。因此，植入式裸光纤传感技术对杆体材料性能破坏小，测试精度高，成为 GFRP 抗浮锚杆性能测试的最佳选择。

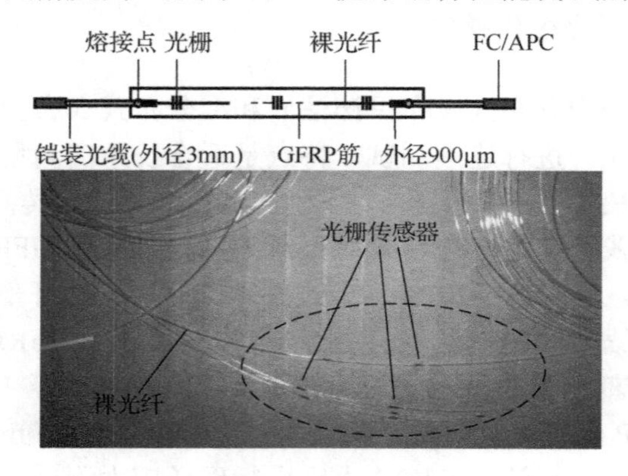

图 2-1 裸光纤光栅传感器

由于光纤光栅传感器对外界环境比较敏感，在制作、植入以及 GFRP 锚杆的运输过程中都可能会引起传感器失效。在试验前为了验证传感器的存活率，需要对植入 GFRP 锚杆内的光纤光栅传感器进行校准（图 2-2）。

图 2-2 GFRP 锚杆校准

2.2.4　试验场地概况

试验场地位于青岛地铁一期工程（3 号线）宁夏路站 3B 号出入口已开挖基坑内（图 2-3）。试验场区内主要为中风化花岗岩，呈肉红色，粗粒结构，岩体呈块状构造，主要矿物成分为长石、石英，含较多黑云母和角闪石等暗色矿物，节理裂隙发育，以构造、风化裂隙为主，节理裂隙面见少量暗色矿物浸染，岩芯呈碎块-块状，锤击声脆，锤击不易碎。试验锚杆全长位于中风化花岗岩中，厚度 1.6～13.7m，平均层厚 3.45m，重度 24.5kN/m^3，岩石饱和单轴抗压强度为 32MPa，内摩擦角为 55°，泊松比为 0.33，压缩模量 5.0GPa，承载力 2500kPa。该层岩石坚硬程度为较软岩，岩体呈镶嵌碎裂结构，完整程度为较破碎，岩体基本质量等级为Ⅳ级。根据相关地质勘察报告，场区内水位埋深为 2.60～3.80m。

图 2-3　试验场地

2.2.5　试验方案

本试验在同一场区进行 GFRP 抗浮锚杆和钢筋抗浮锚杆的现场足尺拉拔破坏试验，其中 GFRP 抗浮锚杆 3 根，钢筋抗浮锚杆 3 根。试验所采用的 GFRP 锚杆为南京某公司生产的ϕ28mm 全螺纹 GFRP 实心筋材，型号为 YF-H50-28，通过拉挤、缠绕螺纹、固化一次成型。经国家玻璃纤维产品质量监督中心检测，玻璃纤维含量为 75%，树脂含量为 25%。GFRP 抗浮锚杆常规力学参数见表 2-1。试验采用的钢筋锚杆为ϕ28mmⅢ级冷拉螺纹钢筋，屈服强度为 400MPa，弹性模量为

2.0×10^5MPa。抗浮锚杆几何参数见表 2-2。

表 2-1　GFRP 抗浮锚杆常规力学参数

锚杆型号	极限荷载/kN	抗拉强度/MPa	抗剪强度/MPa	弹性模量/GPa
YF-H50-28	432	702	150	51

表 2-2　抗浮锚杆几何参数

锚杆编号	锚杆直径/mm	锚杆总长/mm	锚固段长度/mm	自由段长度/mm
G28-01	28	4500	3000	1500
G28-02	28	4500	3000	1500
G28-03	28	4500	3000	1500
S28-01	28	4500	3000	1500
S28-02	28	4500	3000	1500
S28-03	28	4500	3000	1500

在 GFRP 锚杆成型过程中，分别在每根杆体内预先植入 4 个半串联式裸光纤光栅传感器，间距为 800mm；对于钢筋锚杆，每根锚杆表面对称粘贴 4 组共 8 个应变片，间距为 800mm。裸光纤光栅传感器与应变片的分布示意图如图 2-4 所示。GFRP 抗浮锚杆试验装置示意图如图 2-5 所示。

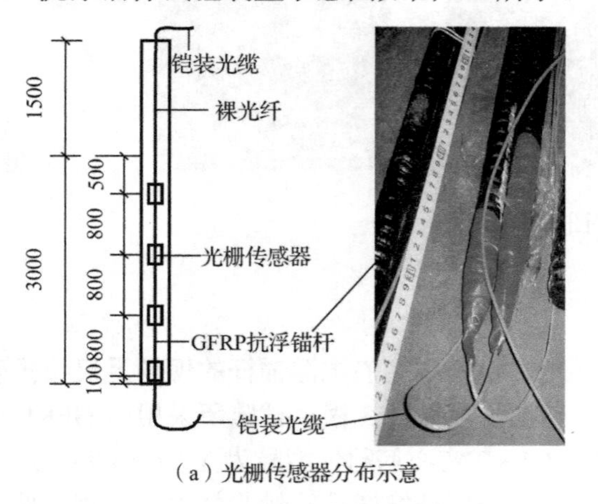

（a）光栅传感器分布示意　　（b）电阻应变片分布示意

图 2-4　裸光纤光栅传感器与应变片分布示意图（尺寸单位：mm）

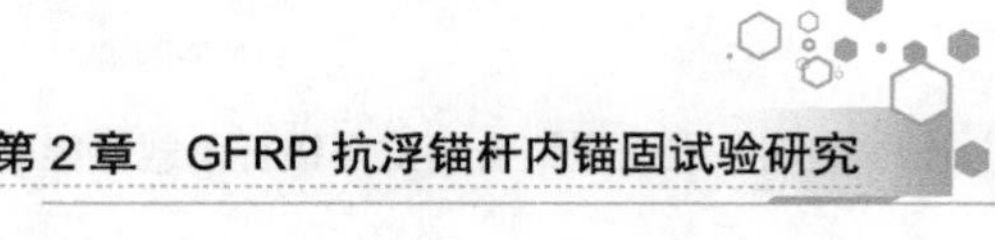

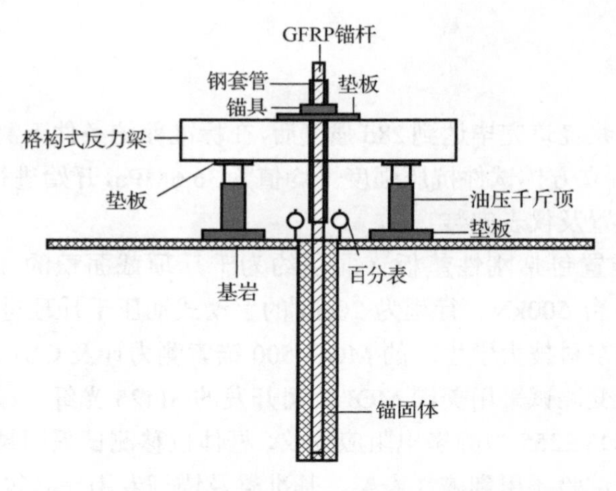

图 2-5　GFRP 抗浮锚杆试验装置示意图

2.2.6　试验过程

1. 试验前准备

（1）钻孔

整平场地之后，钻孔方向垂直地面，采用潜孔钻机钻进。试验锚杆孔径根据试验场地实际情况，钻孔直径选取为 110mm，钻孔深度超过锚杆有效长度 0.5m，施工过程中全程取芯。在 GFRP 抗浮锚杆试验过程中，为避免锚杆间距不足而影响试验结果，试验锚杆应具有足够间距。

（2）锚杆安装及灌浆

将试验锚杆绑扎托架后，人工送入孔内，并采用普通注浆方式，注入 M32.5 水泥砂浆，养护 28d。

（3）锚具

GFRP 锚杆具有良好的抗拉性能，由于基体材料具有脆性，使其横向抗挤压、抗剪强度较差。试验开始前，在锚杆加载端安装长 1.2m 钢套管（内径为 50mm，壁厚为 5mm）对 GFRP 锚杆进行保护，GFRP 锚杆与钢套筒间采用环氧树脂混合液填充使两者紧密粘贴在一起，拉拔时 GFRP 锚杆夹具采用焊接方式固定在钢套筒外侧，避免加载端产生应力集中致使锚杆产生材料破坏。对于钢筋锚杆则直接采用锚环-夹片式锚具。

2. 试验过程

孔内水泥砂浆浇筑完毕达到28d强度后，在标准养护条件下测得2组70.7mm×70.7mm×70.7mm立方体试件抗压强度平均值为36.6MPa，开始进行锚杆拉拔试验。

（1）加载装置及仪表安装

试验加载装置包括刚性垫板（面积约为千斤顶截面积的 2 倍，厚度大于 30mm），以及 2 台 500kN、行程为 20cm 的手动式油压千斤顶进行同步加载；荷载测量装置为山东科技大学生产的 MGH-500 锚索测力计及 GSJ-2A 型检测仪；光纤光栅传感器应变测试采用美国 MOI 公司开发的 SI425 光纤光栅解调仪，电阻应变片测试采用 SDY2255 型静态电阻应变仪，杆体位移测试采用精度为 0.01mm 的百分表。另外，试验还用到磁性表架、基准梁及锚杆专用夹具等。

（2）加载方式

为确保试验过程中加载量的准确性，试验开始前，需要对加载装置中高精度液压表进行标定。另外，试验前还需对千斤顶承载面进行整平处理，在千斤顶下面预先铺设 30mm 厚铁板以增加地基土刚度，防止加载过程中千斤顶下地基土产生不均匀沉降，保证试验过程中荷载作用方向与锚杆平行，即为轴向张拉。试验过程中使用同步千斤顶并配合同步分流阀，使每台千斤顶的负荷均衡，保证起升及下降速度的同步，防止加载过程中锚杆产生偏心受拉，导致锚杆拉弯破坏。此外，使用同步千斤顶也可以避免试验过程中穿心千斤顶对抗浮锚杆周围锚固体的约束，影响试验结果。

本次试验为破坏性试验，在试验前预加荷载以检验加载设备安装是否满足要求，必要时进行调整。整个加载过程采用分级加载（逐级加载法），GFRP 锚杆每级施加的荷载为 50kN，钢筋锚杆每级施加的荷载为 40kN，两种材质的锚杆均以约 0.2kN/s 的速率施加每一级荷载，直至锚杆破坏。每级荷载施加完毕后，应立即测读位移量，以后每间隔 5min 测读一次。相邻两级荷载之间的加载时间间隔为 15min。根据《建筑基坑支护技术规程》（JGJ 120—2012），当试验过程中出现下列情况之一时，可判定锚杆破坏：①从第二级加载开始，后一级荷载产生的单位荷载下的锚头位移增量大于前一级荷载产生的单位荷载下的锚杆位移增量的 5 倍；②锚头位移不收敛；③锚杆杆体破坏。具体的试验流程如图 2-6 所示。

（a）场地平整

（b）潜孔钻机成孔

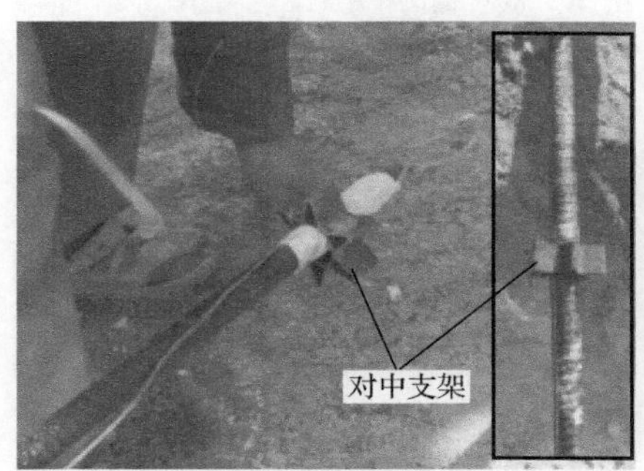

（c）安装对中支架

（d）安装锚杆

（e）灌注水泥砂浆

（f）砂浆振捣密实

图 2-6　试验流程

（g）砂浆养护

（h）固定加载端钢套管

（i）灌注环氧树脂混合液

（j）焊接锚具

（k）仪器仪表安装

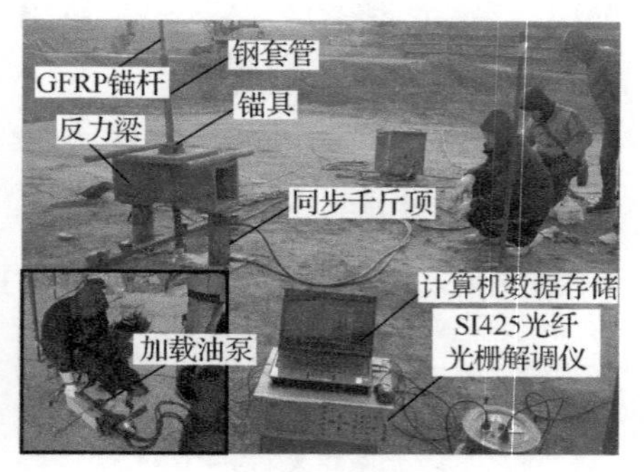

（l）试验加载

图 2-6（续）

2.2.7 试验结果与分析

1. 锚杆破坏形态及特征分析

锚杆的破坏形态包括：①锚杆自身强度不足，发生拔断破坏；②注浆体强度

较低造成界面黏结强度较低，第一界面（锚杆和注浆体界面）剪切破坏；③第二界面（注浆体和围岩界面）剪切破坏；④锚固长度不够或注浆体强度不足使地层呈倒锥体拔出；⑤注浆体被地压等原因压碎丧失锚固能力；⑥群锚失效。本次试验中，6 根锚杆最终破坏形式见表 2-3。

表 2-3 锚杆破坏形式

锚杆编号	锚杆孔径/mm	破坏荷载/kN	锚头位移/mm	破坏形式
G28-01	110	362	20.28	“嘣”的一声，压力表读数瞬时变为 0，压力加不上，锚头位移持续上升，锚杆与锚固体有滑移痕迹，杆体纤维断裂
G28-02	110	410	23.64	压力加不上，锚头位移持续上升，锚头锚固体出现约 10cm 裂缝，纤维剥离树脂声音渐响，杆体表面出现白斑状裂纹，破坏时纤维片断裂
G28-03	110	427	27.53	压力加不上，锚头位移持续上升，锚头锚固体出现约 12cm 裂缝，部分纤维片断裂
S28-01	110	325	15.21	压力加不上，锚头位移持续上升，锚头锚固体周围约 10cm 范围内开裂
S28-02	110	338	21.95	压力加不上，锚头位移持续上升，锚头锚固体周围约 15cm 范围内开裂，锚固体和围岩有滑移的痕迹
S28-03	110	372	32.48	压力加不上，锚头位移持续上升，锚头锚固体周围约 10cm 范围内开裂

从表 2-3 可以看出，钢锚杆的破坏形态主要表现为锚头锚固体在一定范围内开裂，杆体与锚固体、锚固体与周围岩土体产生剪切滑移，随着荷载的增大，锚固体产生裂缝并逐渐增大，锚头位移持续上升，最终锚固体与围岩界面出现剪切破坏。GFRP 锚杆在试验过程中均未出现锚杆杆体被拔出、锚杆-砂浆界面脱黏或锚杆砂浆棒整体拔出的现象，从试验结束后取出的锚杆可以看出，在锚固段内距孔口一定深度处锚杆有纤维剥离树脂的痕迹和纤维片断裂的现象（图 2-7）。这种现象可以解释为：当剪应力峰值达到 GFRP 锚杆自身的抗剪强度时，在锚固段剪应力峰值处发生剪切破坏，破坏特征与杆体受拉破坏相类似，实际上 GFRP 锚杆的抗拉强度远大于其抗剪强度，容易造成误判。

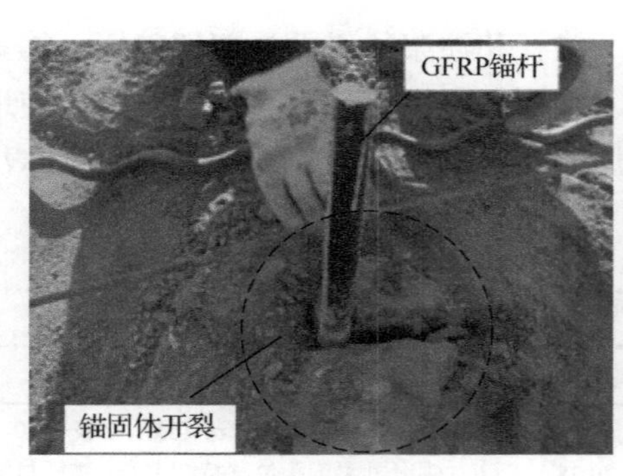

（a）GFRP锚杆锚固体开裂

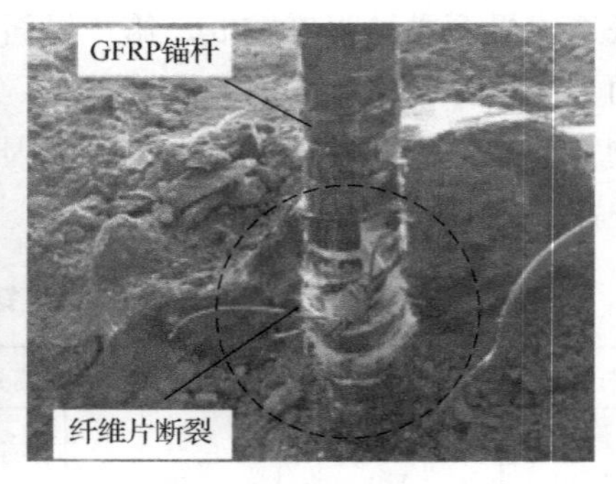

（b）GFRP锚杆锚筋纤维片断裂

图 2-7 GFRP 锚杆破坏形态

2. GFRP 锚杆与钢锚杆的极限抗拔承载力

锚杆要想发挥功效，必须使其相对于所处的锚固介质产生位移。锚杆的荷载-锚头位移（*Q-s*）曲线从宏观上反映了锚杆受荷后的荷载传递规律和锚杆受荷破坏模式，因此对 *Q-s* 曲线的分析有助于对锚杆荷载传递性状的总体把握，不同荷载作用下 6 根锚杆 *Q-s* 曲线如图 2-8 所示。

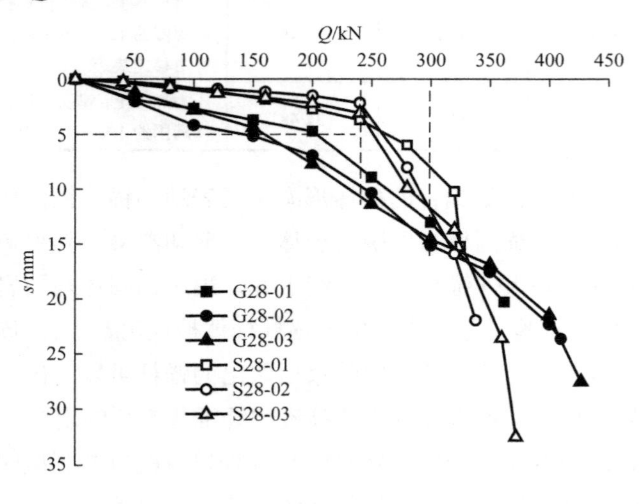

图 2-8 GFRP 抗浮锚杆 *Q-s* 曲线

从图 2-8 可以看出，6 根抗浮锚杆在拉拔荷载作用下锚头位移随荷载的增加逐渐增大，*Q-s* 呈缓变型。当荷载较小时，*Q-s* 基本呈线性关系；随着荷载的增大，

锚头上拔速率逐渐增大，Q-s 曲线逐渐变为非线性。当拉拔荷载低于 240kN 时，钢筋锚杆呈弹性变形，锚头位移不超过 5.0mm。当拉拔荷载超过 240kN 时，锚头位移增长速率增大。而 GFRP 锚杆的锚头位移随荷载增加缓慢增大，与钢筋锚杆相比 Q-s 曲线无明显的拐点，弹塑性工作性状不明显。荷载水平低于 300kN 时，相同荷载水平下 GFRP 抗浮锚杆锚头位移较钢筋抗浮锚杆锚头位移大。不同材质锚杆 Q-s 曲线的差异主要由 GFRP 筋的弹性模量比钢筋的弹性模量低，应力作用范围大等原因所致。

根据《建筑基坑支护技术规程》（JGJ 120—2012）确定的各试验锚杆的极限抗拔承载力如图 2-9 所示。试验抗浮锚杆极限抗拔承载力的极差不超过其平均值的 30%时，锚杆极限抗拔承载力标准值可取平均值，所以ϕ28mm GFRP 抗浮锚杆和ϕ28mm 钢筋锚杆的极限抗拔承载力分别为 383.3kN 和 333.3kN，极限抗拔承载力提高约 15%。因此，仅针对拉拔力而言，较小直径的 GFRP 锚杆就能达到钢锚杆的极限抗拔力。钢锚杆的极限强度（540MPa）远小于 GFRP 锚杆的抗拉强度，选用较细的 GFRP 锚杆代替较粗的钢筋用于地下结构抗浮不但可以降低成本、便于施工，最主要的是还可以提高抗浮结构的耐久性。

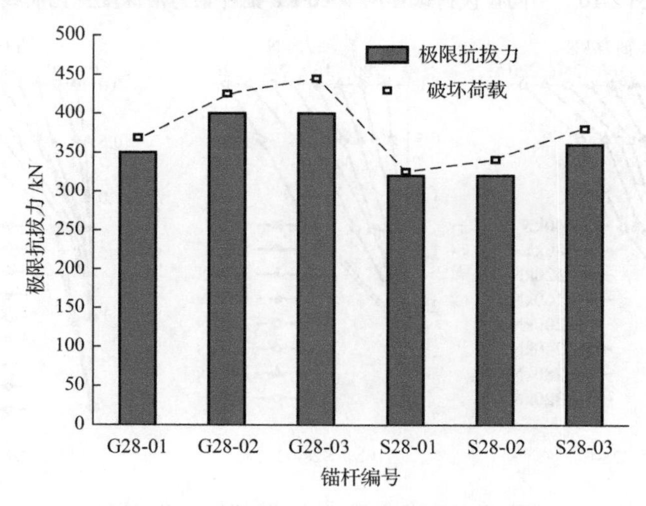

图 2-9 锚杆的极限抗拔承载力

3. 锚杆轴力随深度的分布特征

在拉拔荷载作用下，GFRP 抗浮锚杆的轴力分布特征与金属锚杆类似。首先是锚杆杆体受力，荷载通过第一界面传递到灌浆体中，然后通过第二界面传递到周围岩土中。试验过程中，根据传感器波长变化和电阻变化计算出锚杆的应变，然后结合锚杆的弹性模量分别求得两种锚杆的轴力。图 2-10 和图 2-11 分别为 GFRP 锚杆和钢筋锚杆轴力沿深度变化曲线。

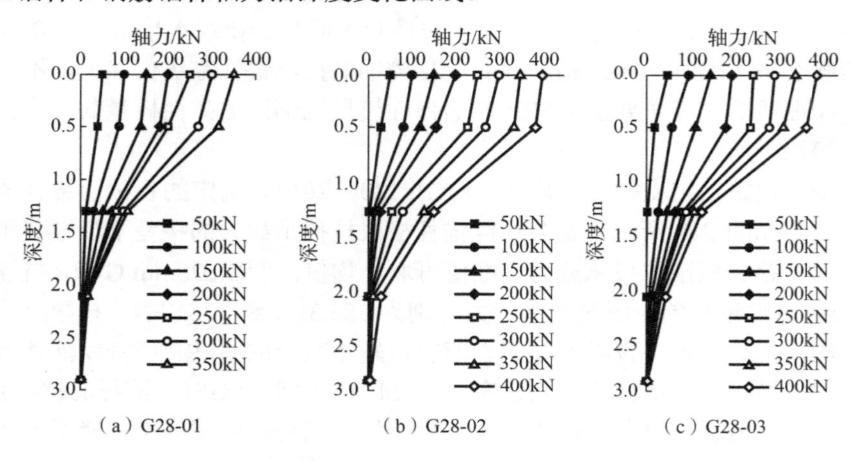

（a）G28-01 （b）G28-02 （c）G28-03

图 2-10 不同拉拔荷载作用下 GFRP 锚杆轴力沿深度变化曲线

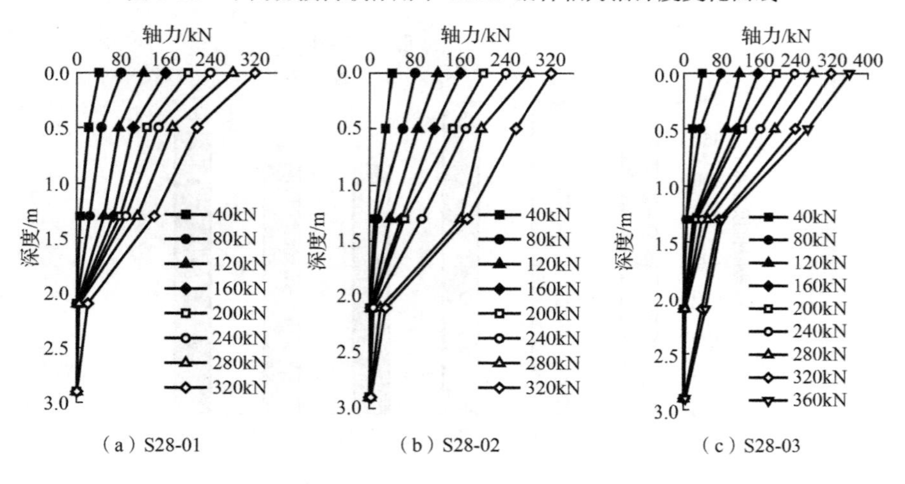

（a）S28-01 （b）S28-02 （c）S28-03

图 2-11 不同拉拔荷载作用下钢筋锚杆轴力沿深度变化曲线

比较图 2-10 和图 2-11 中的锚杆轴力分布规律可以看出以下几点。

1）中风化花岗岩条件下，相同直径的两种抗浮锚杆轴力分布规律基本一致，GFRP 抗浮锚杆与钢筋抗浮锚杆的应力传递深度及沿深度衰减过程均较接近，即两种锚杆的应力传递深度约为 2.5m。杆体的轴力随着荷载的增加均显著增加，但增加的幅度不同，深部增幅大，浅部增幅小。孔口处产生高度应力集中，应力主要集中在距孔口约 2.0m 以内的区域，锚杆底部光栅传感器的波长变化和应变片的电阻变化值均很小，锚杆深部杆体轴力已衰减到较低水平。

以上现象表明，在锚杆拉拔过程中，杆体与灌浆体之间的黏结力随着荷载的增加从孔口位置逐渐向下发挥，并非在整个锚固段内均匀分配，也未完全发挥。对于 GFRP 锚杆，当荷载增加到 300kN 以上时，锚固段 2.0m 以下区域杆体与锚固体的黏结作用开始发挥；对于钢筋锚杆，当荷载增加到 280kN 时，杆体与锚固体的黏结作用在 2.0m 以下区域内才开始发挥。究其原因，锚杆杆体在上半部分变形较大，孔口附近的锚固体已部分被撕裂或压碎，杆体与灌浆体部分脱黏，导致原本由这些部位承担的荷载沿杆体向下转移。实际上锚杆杆体受力深度仅局限于较小的深度范围，并且杆体周围锚固体强度对锚固效果有重要影响，在实际工程应用中应予以重视。

2）在相同荷载水平下，相同位置处 GFRP 锚杆的轴力大于钢筋锚杆，即 GFRP 锚杆受荷载作用影响范围大，GFRP 锚杆轴力沿深度衰减的速率比钢锚杆慢。这种现象的主要原因是钢筋的弹性模量大，约为 200GPa，且与锚固体和周围岩体的弹性模量差别较大，相同拉拔荷载作用下，钢筋锚杆的轴向伸长量相对较小，杆体与锚固体的相对滑移较小，两者的黏结咬合作用较 GFRP 锚杆与锚固体强，产生的约束应力大；而 GFRP 锚杆的弹性模量较小，只引起较小的约束应力，使得杆体与孔口附近砂浆产生滑移后轴力衰减速率较小而逐渐向杆体深部传递。

3）高丹盈等（2000）、曾宪明等（2008b）及 Kilic 等（2002）研究表明，锚杆的抗拔承载力随锚固长度的增加而增加，但存在一个极限长度，超过这一长度杆体的切向位移就会增加，但此时锚杆的抗拔承载力不会随锚固长度的增加而继续增大，该长度被称为临界锚固长度。本次试验 6 根锚杆的轴力传递深度均为 2.5m 左右，应力主要集中在孔口位置向下约 2.1m 范围内，这说明距孔口 2.1m 以下部分对整个锚杆的承载性状影响甚微，所以仅靠增加锚固长度的方法不能有效提高锚杆的抗拔承载力。另外，在锚杆锚固长度增加的同时，为了使锚杆的抗拔承载力充分发挥，则需要产生较大的锚头位移或滑移，而较大的位移或滑移会造成锚固体在单位长度上的黏结力逐渐减少，当达到一定的长度后，黏结力就会消失，对结构的抗浮稳定极为不利。如果仅靠增加抗浮锚杆的设计抗拔承载力来发挥整个锚固段内的黏结力，由于此时的上拔位移会明显增大，对于上部结构的安全也是不利的。考虑锚杆施工方法的不同、细部设计不同以及岩层的局部差异，锚固长度不宜超过 5.0m。锚杆的锚固段长度不能太短，其长度不仅要保证围岩与锚固体黏结力的充分发挥，还要保证锚杆杆体有足够的应力储备，确保抗浮结构的整体稳定性。本次试验结果表明：中风化花岗岩条件下，ϕ28mm 的两种抗浮锚杆的应力传递深度约为 2.5m。

4. 锚杆剪应力随深度分布特征

取抗浮锚杆锚固段两测点之间杆体为研究对象（图 2-12），若锚杆上点 i 处的轴力为 N_i，下一个点 $i-1$ 处的轴力为 N_{i-1}，将两测点之间中点处的剪应力近似认为平均剪应力，则第一界面（锚杆与灌浆体界面）两点之间的平均剪应力 τ_i 计算公式为

$$\tau_i = (N_i - N_{i-1}) / \pi d \Delta L \qquad (2\text{-}3)$$

式中：d 为锚杆直径，mm；ΔL 为点 i 到下一点 $i-1$ 之间的距离，mm。本试验中，d=28mm，ΔL=800mm。

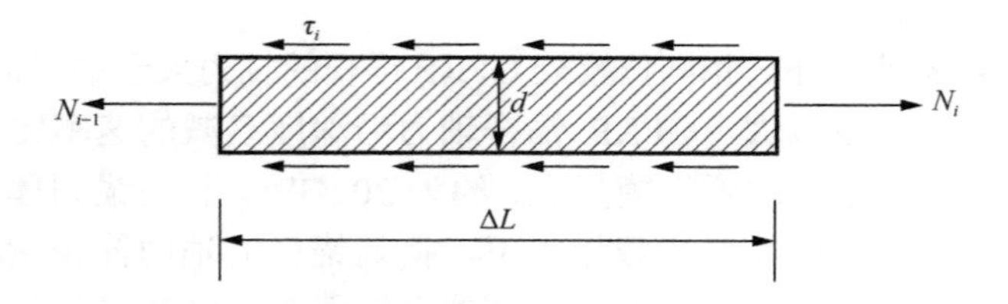

图 2-12 锚杆杆体轴力与平均剪应力平衡示意图

图 2-13 和图 2-14 分别为不同拉拔荷载作用下 GFRP 抗浮锚杆与钢筋抗浮锚杆杆体剪应力随深度变化曲线。

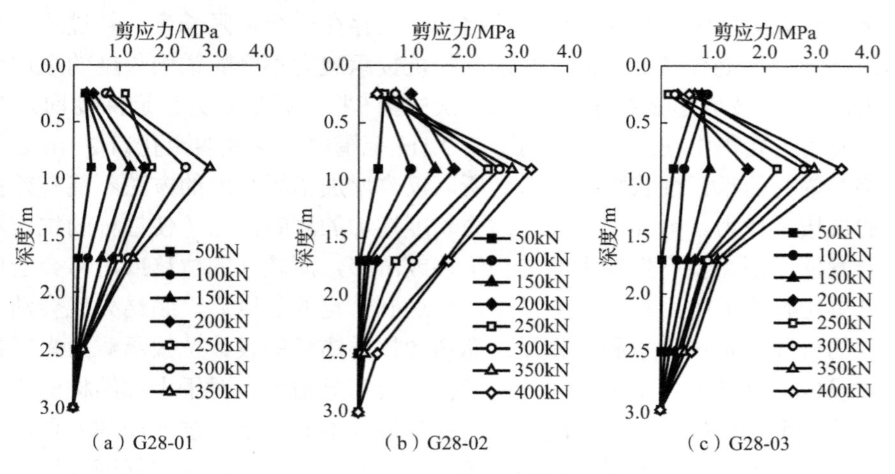

图 2-13 不同拉拔荷载作用下 GFRP 抗浮锚杆剪应力随深度变化曲线

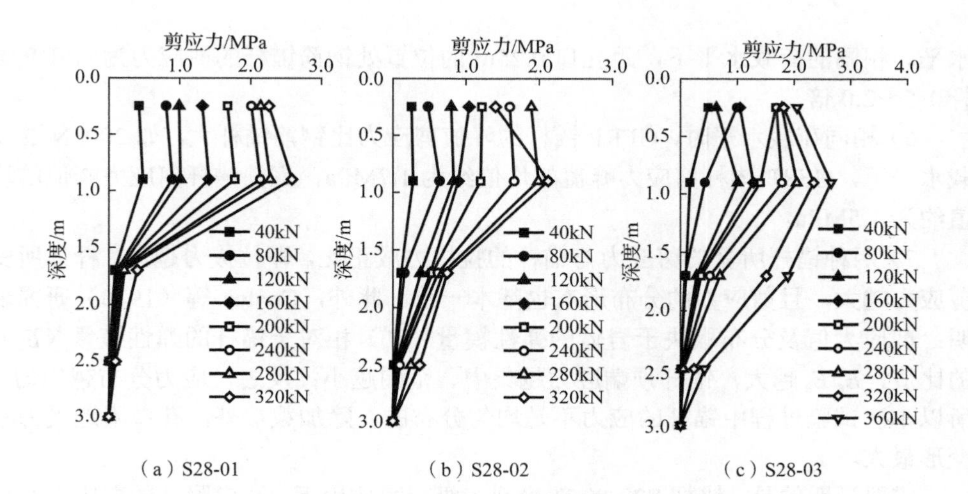

（a）S28-01　（b）S28-02　（c）S28-03

图 2-14　不同拉拔荷载作用下钢筋抗浮锚杆剪应力随深度变化曲线

比较图 2-13 和图 2-14 中的杆体表面剪应力分布规律可以看出：

1）两种锚杆杆体的剪应力在孔口处为 0，沿深度迅速增大，达到峰值后逐渐减小，在锚固体末端位置趋向于 0。剪应力分布特征与贾金青等（2002）、唐梦华等（2016）文献中试验及数值分析结果基本一致。

2）两种抗浮锚杆的最大剪应力基本都出现在距孔口以下约 0.9m 的位置，但 GFRP 锚杆的剪应力峰值点更明显，GFRP 锚杆的最大剪应力约为 3.5MPa；钢筋锚杆的最大剪应力约为 2.5MPa，剪应力的影响范围和剪应力峰值均随荷载的增加逐渐增大。

3）两种抗浮锚杆剪应力曲线形态比较符合尤春安（2004）由 Mindlin 位移解推导出的剪应力分布的理论解。有时实测的剪应力并非均匀分布，而是存在多个应力集中区，与理论计算结果有较大差异。究其原因，在抗浮锚杆施工过程中，砂浆可能会在自然环境与施工工艺的因素作用下，不可避免地产生微裂缝或与抗浮锚杆的黏结不紧密，造成锚杆与砂浆的黏结力在某一区域被削弱，进而导致剪应力分布不均匀，而在理论计算中，并没有考虑灌浆体的材料缺陷。在锚杆施工过程中，建议对灌浆体振捣密实或采用二次注浆以提高灌浆体的密实度。

4）GFRP 抗浮锚杆剪应力峰值点较钢筋锚杆更明显。GFRP 锚杆的剪应力主要集中在孔口以下 0.5～2.5m，2.5m 以下锚杆在各级荷载作用下剪应力均较小。

5）钢筋锚杆的剪应力比 GFRP 锚杆发挥早，钢筋锚杆在距孔口 0.25m 的位置处剪应力已达到较高水平，而 GFRP 锚杆在距孔口 0.5m 的位置处才开始达到较高水平。相同的荷载水平下，距孔口 0.25m 的位置处钢筋锚杆的剪应力为 GFRP 锚杆 1.5～2.0 倍。

6）相同荷载水平时，GFRP 锚杆的峰值剪应力比钢筋锚杆大，如 200kN 的荷载水平下，GFRP 锚杆剪应力峰值的均值约为 1.7MPa，钢筋锚杆剪应力峰值的均值约为 1.5MPa。

7）两种锚杆所受的剪应力与锚杆的拉拔力成正比，即拉拔力越大，杆体所受剪应力越大，且剪应力的分布形态也基本一致。此外，Coates 等（1970）研究表明：剪应力值及分布取决于岩体的弹性模量（E_s）相对于锚杆的弹性模量（E_a）的比值，E_s/E_a 越大，锚杆顶端应力越集中、范围越小；反之，应力分布越均匀。所以本次试验过程中锚杆的应力不是均匀分布的，除加载端外，孔口附近受力和变形最大。

需要说明的是，锚杆 S28-02 在最后一级荷载作用下，孔口附件的剪应力有所减小，这主要是由于孔口附近的钢锚杆与锚固体局部脱黏所致。对于 GFRP 抗浮锚杆，随着荷载的增大，GFRP 锚杆杆体剪应力曲线的峰值逐渐增大，当剪应力峰值达到杆体自身极限抗剪强度或杆体和砂浆之间的抗剪强度时，在锚固段剪应力峰值处发生剪切破坏，这与李国维等（2007）和黄志怀等（2008a）研究结果接近。在工程应用中应加强对该区域的处理，在剪应力峰值区可适当增加 GFRP 锚杆的剪切刚度（如增设刚臂），来提高 GFRP 抗浮锚杆的锚固效果，而钢筋与灌浆体界面发生破坏时，锚杆杆体剪切应力超过灌浆体的抗剪强度，灌浆体被压碎或撕裂。因此，钢锚杆与灌浆体界面不易破坏，应力在近孔口处便得以增强。

2.3 GFRP 抗浮锚杆黏结性能现场试验

2.3.1 试验方案及过程

在同一场区内进行不同直径（ϕ28mm、ϕ32mm）GFRP 抗浮锚杆的现场拉拔试验和钢筋抗浮锚杆的现场拉拔试验，研究 GFRP 抗浮锚杆和钢筋抗浮锚杆在中风化花岗岩中的承载特征、界面黏结特性，并对两者进行分析比较。

试验场地同样位于青岛地铁一期工程（3 号线）宁夏路站 3B 号出入口已开挖基坑内，试验场区内主要以中风化花岗岩为主。试验锚杆总数为 10 根，其中 GFRP 锚杆 6 根，钢锚杆 4 根。试验采用的钢筋锚杆为ϕ28mmIII级冷拉螺纹钢筋，GFRP

锚杆为南京某公司生产的ϕ28mm 和ϕ32mm GFRP 螺旋状筋材，型号为 YF-H50，通过拉挤、固化一次成型，玻璃纤维含量为 75%，树脂含量为 25%。GFRP 抗浮锚杆材料力学参数如表 2-4 所示，锚杆试验参数见表 2-5。

表 2-4　GFRP 抗浮锚杆材料力学参数

型号	直径/mm	密度/(g/cm^3)	极限抗拉力/kN	极限拉伸强度/MPa	极限抗剪强度/MPa	弹性模量/GPa
YF-H50-28	28	2.1	432	702	150	51
YF-H50-32	32	2.0	504	626	150	51

表 2-5　锚杆试验参数

锚杆编号	锚杆直径/mm	锚杆总长/mm	锚固段长度/mm	自由段长度/mm
G28-01	28	3500	2000	1500
G28-02	28	3500	2000	1500
G28-03	28	3500	2000	1500
G28-04	28	3500	2000	1500
G32-01	32	3500	2000	1500
G32-02	32	3500	2000	1500
S28-01	28	3500	2000	1500
S28-02	28	3500	2000	1500
S28-03	28	3500	2000	1500
S28-04	28	3500	2000	1500

本次试验的钻孔直径为 120mm，钻孔深度超过锚杆锚固长度 0.5m。锚固砂浆为 M32.5，养护 28d。在拉拔过程中为保证 GFRP 锚杆加载端不因应力集中而破坏，采用加载端粘贴钢套管的方式对 GFRP 锚杆进行保护，同时防止试验过程中加载端杆体产生挤压破坏。钢锚杆直接采用锚环-夹片式锚具。

本次试验为破坏性试验，加载过程采用分级加载，第 1 级荷载为 50kN，以后逐级增加 50kN，即 0→50→100→150→200→250→300kN→…，直至锚杆破坏。每级荷载施加完毕后，应立即测读位移值，以后每间隔 5min 测读一次。相邻两级荷载之间的加载时间间隔为 15min。抗浮锚杆现场试验如图 2-15 所示。

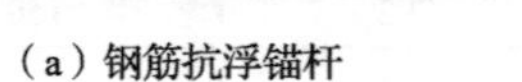

（a）钢筋抗浮锚杆

（b）GFRP 抗浮锚杆

图 2-15　抗浮锚杆现场试验

2.3.2　试验现象及破坏特征分析

本次试验中，10 根试验锚杆最终破坏形式见表 2-6。

表 2-6　锚杆最终破坏形式

锚杆编号	锚固长度/mm	最大加载量/kN	锚头位移/mm	破坏形式
G28-01	2000	270	15.95	压力加不上，锚头位移不断上升，随着“嘣”的声响锚杆被拔出
G28-02	2000	264	15.25	压力加不上，锚头位移不断上升，杆体表面有纤维丝断裂，锚杆和砂浆黏结被破坏
G28-03	2000	250	6.98	压力加不上，锚头位移不断上升，随着“嘣”的声响砂浆和围岩黏结被破坏
G28-04	2000	245	18.50	压力加不上，锚头位移不断上升，随着“嘣”的声响砂浆和围岩黏结被破坏
G32-01	2000	257	14.83	压力加不上，锚头位移不断上升，随着“嘣”的声响砂浆和围岩黏结被破坏
G32-02	2000	278	17.20	压力加不上，锚头位移不断上升，随着“嘣”的声响砂浆和围岩黏结被破坏
S28-01	2000	240	11.21	压力加不上，锚头位移不断上升，锚杆和砂浆黏结被破坏
S28-02	2000	250	15.96	压力加不上，锚头位移不断上升，锚杆和砂浆黏结被破坏，砂浆和围岩有滑移的痕迹
S28-03	2000	268	16.48	压力加不上，锚头位移不断上升，砂浆和围岩黏结被破坏
S28-04	2000	284	20.23	压力加不上，锚头位移不断上升，砂浆和围岩黏结被破坏

1. 锚杆和砂浆界面（第一界面）

ϕ28mm GFRP 抗浮锚杆和ϕ28mm 钢筋锚杆与砂浆界面间的破坏形式相同，ϕ32mm GFRP 抗浮锚杆没有发生锚杆和砂浆界面滑移破坏。随着拉拔荷载的增大，距锚杆孔口段 15d～20d（d 为锚杆直径）范围内，均出现第一界面剪切滑移破坏，最终杆体和锚固体脱开。从试验结束后取出的锚杆可以看出，该范围内 GFRP 锚杆只有少量的纤维丝断裂，杆体材料没有破坏。随着荷载的增大，ϕ28mm Ⅲ级冷拉螺纹钢筋锚杆锚固体产生裂缝并逐渐增大，锚杆与锚固体的滑移量逐渐增大，最终杆体和锚固体脱开。

2. 砂浆和围岩界面（第二界面）

与钢筋锚杆类似，GFRP 抗浮锚杆在拉拔力作用下，荷载的传递顺序为：锚杆→第一界面→灌浆体→第二界面→周围岩土体。方从严等（2005）的研究表明，风化岩地基中，第一界面的黏结力低于第二界面的黏结力，而本次试验锚杆破坏形态大多为第二界面黏结破坏。究其原因，青岛地区基岩种类为中生代晚期侵入形成的花岗岩，其天然重度较小，物理力学性质有所下降，与其他区域花岗岩物理力学指标的一般值或常见值对比明显偏低。试验过程中，ϕ28mm 和ϕ32mm GFRP 抗浮锚杆和砂浆界面的破坏形式相同，锚杆孔口段砂浆和围岩界面发生剪切破坏。虽然锚杆的应力传递深度超过锚杆锚固段长度，由于砂浆的抗拉强度较低，没有出现锚固体整体拔出的现象。同时，由于锚杆与砂浆的黏结强度大于砂浆和围岩的黏结强度，锚杆只出现少量滑移，锚杆未出现拔出破坏。ϕ28mm 和ϕ32mm GFRP 抗浮锚杆及部分钢锚杆在极限荷载作用下，锚杆砂浆与围岩界面发生黏结破坏。

由于试验过程中锚杆的应力传递深度超过锚杆锚固段长度，试验过程中锚杆的破坏形态主要表现为杆体与灌浆体脱黏，灌浆体与周围岩土体剪切破坏，如图 2-16 所示。钢套管与 GFRP 锚杆的黏结长度较长（钢套管长度为 1.2m），试验过程中没有出现加载端杆体劈裂脆断破坏。可见，在加载端设法增加 GFRP 锚杆的黏结长度，可以防止加载端杆体与锚具的夹持力过大发生脆性剪切破坏，进而解决 GFRP 锚杆试验过程中的夹具问题。

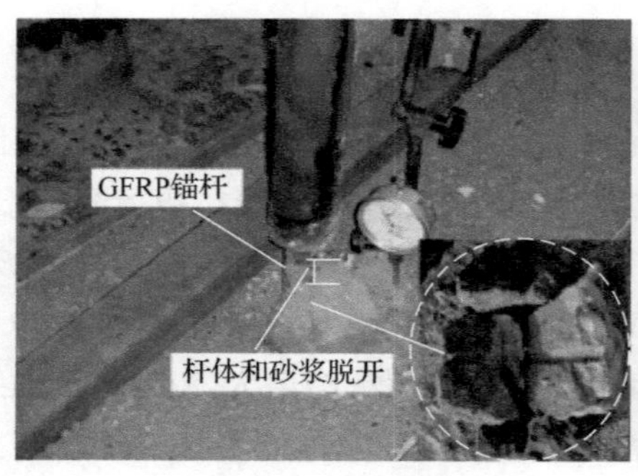

（a）GFRP锚杆第一界面破坏

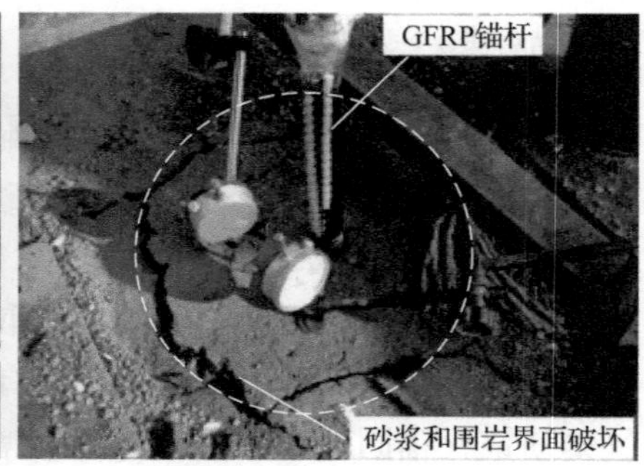

（b）GFRP锚杆第二界面破坏

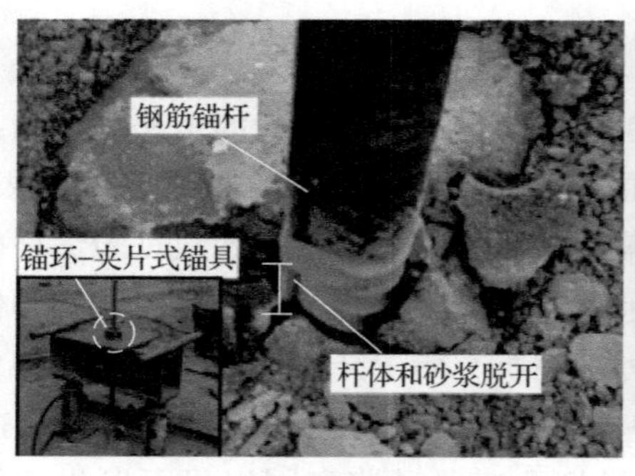

（c）钢筋锚杆第一界面破坏

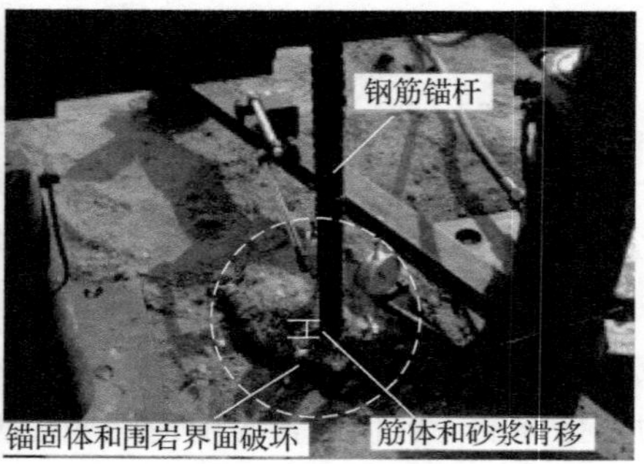

（d）钢筋锚杆第二界面破坏

图 2-16 GFRP 锚杆与钢筋锚杆破坏形态

2.3.3 *Q-s* 曲线分析

图 2-17 给出了不同荷载作用下 10 根锚杆 *Q-s* 曲线，最大加载量及锚头位移统计值见表 2-6。

从图 2-17 及表 2-6 可以看出，10 根抗浮锚杆在拉拔荷载作用下锚头位移随荷载增加逐渐增大，*Q-s* 曲线基本呈缓变型，单位荷载作用下锚杆锚头位移增量均无突变现象。当荷载较小时，Q 与 s 基本呈线性关系，随着荷载的增加，锚头上拔速率逐渐增大，*Q-s* 曲线逐渐变为非线性。根据《建筑基坑支护技术规程》（JGJ 120—2012）确定的各试验锚杆的极限抗拔承载力，如图 2-18 所示。试验抗浮锚杆极限抗拔承载力的极差不超过其平均值的 30%时，锚杆极限抗拔承载力标准值可取平均值。ϕ28mm GFRP 抗浮锚杆和ϕ28mm 钢筋锚杆的极限抗拔承载力均为 225kN，2 根ϕ32mm GFRP 抗浮锚杆极限抗拔承载力为 250kN。可以看出，随着 GFRP

抗浮锚杆直径的增大，锚杆的极限抗拔承载力有所提高。承载力增大的主要原因是抗浮锚杆与灌浆体的接触面积随锚杆直径的增大而增大，因此锚杆与灌浆体之间能够形成较大的黏结力，提高了 GFRP 抗浮锚杆的极限抗拔承载力。

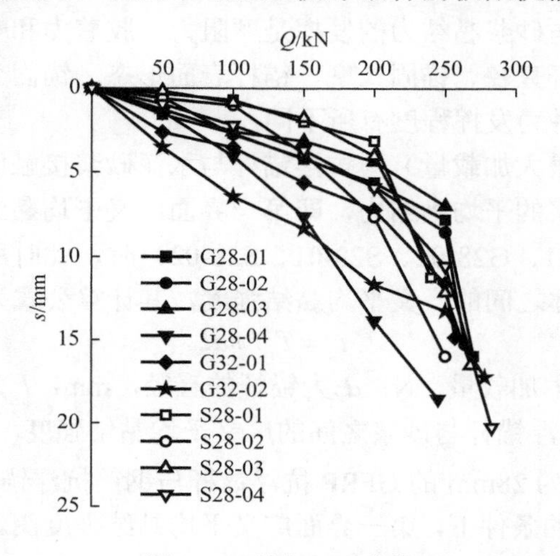

图 2-17　锚杆 Q-s 曲线

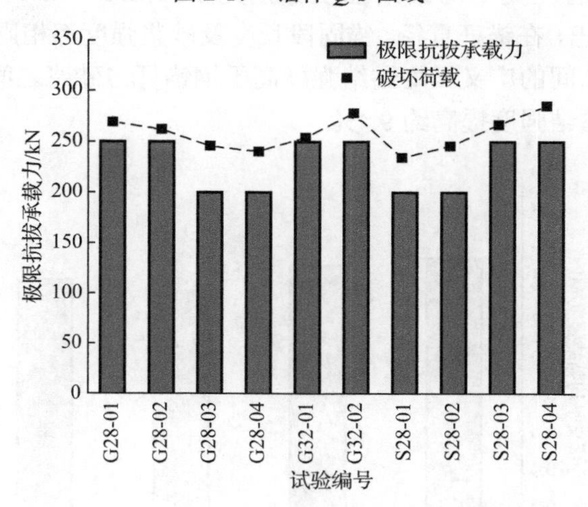

图 2-18　锚杆的极限抗拔承载力

2.3.4　第一界面广义平均黏结强度

黏结强度是评价 GFRP 抗浮锚杆锚固效果的基本参数。Cosenza 等（1997）

和 Soong 等（2011）研究结果显示，纤维塑料筋的热膨胀系数与水泥基材料的热膨胀系数较为接近，因而有着较好的协调变形特性。与钢筋锚杆类似，GFRP 锚杆与砂浆的黏结力主要由 GFRP 锚杆与砂浆表面的摩阻力、化学胶着力以及机械咬合力组成，杆体与砂浆黏结力的发挥是摩阻力、胶着力和咬合力共同作用的结果，这三种力与锚杆直径、锚固长度、锚杆表面形态、锚固介质等因素有关，并且在不同阶段这三种力发挥程度有所不同。

将破坏荷载（最大加载量）与抗浮锚杆与水泥砂浆接触侧面积的比值定义为抗浮锚杆与水泥砂浆的平均黏结力，即第一界面广义平均黏结力。发生锚杆与砂浆界面脱开（G28-01、G28-02、S28-01、S28-02）时，此时所得到的广义平均黏结力为锚杆与锚固体之间的广义平均黏结强度，其计算公式为

$$\tau_{\mathrm{a}} = T_{\mathrm{u}} / \pi dl \tag{2-4}$$

式中：T_{u} 为锚杆最大加载量，N；d 为锚杆的直径，mm；l 为抗浮锚杆的锚固段长度，mm；τ_{a} 为抗浮锚杆与砂浆之间的广义平均黏结强度，MPa。

图 2-19 为直径为 28mm 的 GFRP 抗浮锚杆与钢筋抗浮锚杆，在锚固砂浆的抗压强度为 33.6MPa 的条件下，第一界面广义平均黏结强度图。图 2-19 中，抗浮锚杆与锚固体之间的广义平均黏结强度分别为 1.54MPa、1.50MPa、1.36MPa 和 1.42MPa。可以看出，在锚杆直径、锚固段长度及砂浆强度都相同的条件下，GFRP 抗浮锚杆与砂浆之间的广义平均黏结强度高于钢锚杆与砂浆之间的广义平均黏结强度，广义平均黏结强度提高约 9.4%。

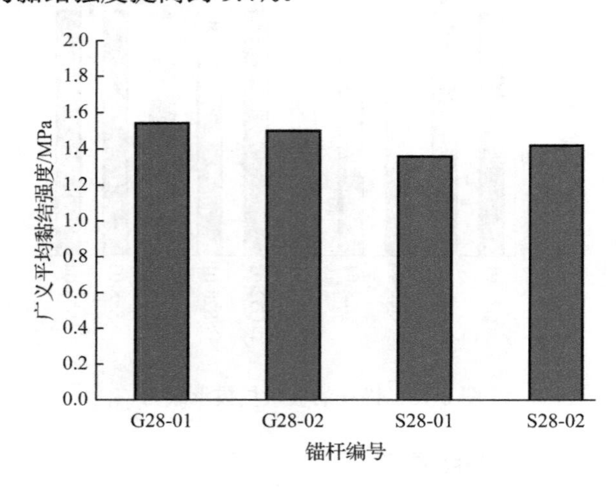

图 2-19　第一界面广义平均黏结强度

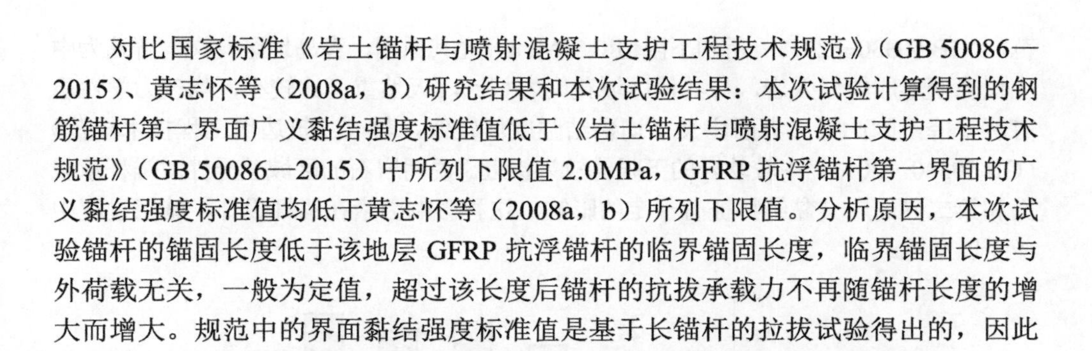

对比国家标准《岩土锚杆与喷射混凝土支护工程技术规范》（GB 50086—2015）、黄志怀等（2008a，b）研究结果和本次试验结果：本次试验计算得到的钢筋锚杆第一界面广义黏结强度标准值低于《岩土锚杆与喷射混凝土支护工程技术规范》（GB 50086—2015）中所列下限值 2.0MPa，GFRP 抗浮锚杆第一界面的广义黏结强度标准值均低于黄志怀等（2008a，b）所列下限值。分析原因，本次试验锚杆的锚固长度低于该地层 GFRP 抗浮锚杆的临界锚固长度，临界锚固长度与外荷载无关，一般为定值，超过该长度后锚杆的抗拔承载力不再随锚杆长度的增大而增大。规范中的界面黏结强度标准值是基于长锚杆的拉拔试验得出的，因此钢筋抗浮锚杆与水泥砂浆、GFRP 抗浮锚杆与水泥砂浆的黏结强度值较低。

通过式(2-4)得到的广义平均黏结强度实为锚固长度范围内黏结力的平均值。实际上，锚杆在拉拔过程中，锚杆的极限抗拔承载力为

$$T_u = \int_0^l \frac{\pi d^2 \tau(x)}{4} \mathrm{d}x \tag{2-5}$$

式中：$\tau(x)$ 为锚杆在极限承载状态下杆体上的应力分布函数。

2.3.5　第二界面广义平均黏结强度

与第一界面广义平均黏结强度类似，砂浆与围岩界面（第二界面）广义平均黏结强度计算公式为

$$f = T_u / \pi DL \tag{2-6}$$

式中：T_u 为锚杆破坏荷载，N；D 为锚固体的直径，mm；L 为砂浆与围岩的黏结长度，mm；f 为砂浆与围岩之间的广义平均黏结强度，MPa。

本次试验中，有 6 根锚杆出现砂浆和围岩黏结破坏。根据本次试验锚杆参数，利用式（2-6）计算得到第二界面广义平均黏结强度，如图 2-20 所示。

试验过程中，中风化花岗岩条件下，水泥砂浆的强度相同，即预留试块立方体试件抗压强度平均值为 33.6MPa。从图 2-20 中可以看出，在ϕ120mm 相同直径钻孔、相同的锚固长度下，GFRP 抗浮锚杆砂浆与围岩的平均黏结强度为 0.32～0.37MPa，钢筋抗浮锚杆砂浆与围岩的平均黏结强度为 0.36～0.38MPa。表明钢筋抗浮锚杆第二界面广义平均黏结强度略高于 GFRP 抗浮锚杆。同时，直径为 32mm 的 GFRP 锚杆第二界面广义平均黏结强度高于直径为 28mm 的 GFRP 锚杆。究其原因，直径较大的 GFRP 锚杆的砂浆锚固层较薄，因此周围岩土体对锚杆的侧向约束效果增强，使锚杆的极限抗拔承载力提高，使得第二界面广义平均黏结强度有所提高。此外，两种锚杆第二界面广义平均黏结强度均低于《建筑边坡工程技术规

范》（GB 50330—2013）所列下限值 0.55MPa。究其原因，青岛地区花岗岩普遍为中生代晚期形成的侵入岩，与其他区域花岗岩相比，天然重度比较小，物理力学性质有所下降，因此第二界面广义平均黏结强度值较低，与《建筑边坡工程技术规范》（GB 50330—2013）中较软岩的下限值较为接近。说明岩石的区域差异性对锚杆承载力和第二界面广义黏结特征有一定的影响，这种影响因素在锚杆设计、施工过程中应予以重视。

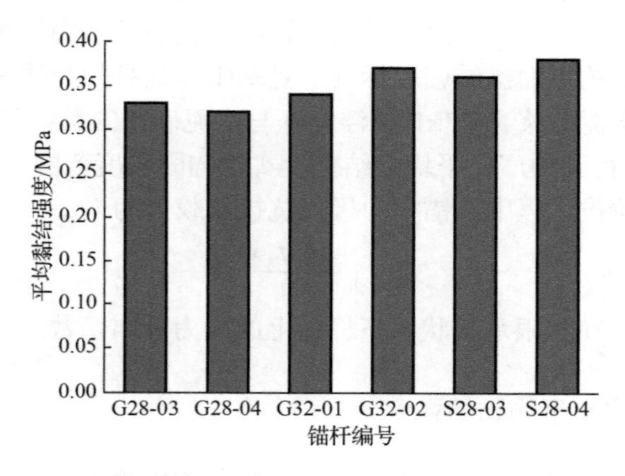

图 2-20 第二界面广义平均黏结强度

需要说明的是，第一界面与第二界面广义平均黏结力并非均匀分布。主要原因是剪应力自上而下分布不均，而抗浮锚杆在施工过程中，在自然环境与施工工艺因素作用下，砂浆可能会不可避免地产生微裂缝或与抗浮锚杆的黏结不好，在某一区域削弱了对锚杆的作用力，进而导致第一界面、第二界面黏结力分布不均匀。

2.3.6 GFRP 抗浮锚杆与钢锚杆之间的比较

本次试验所采用抗浮锚杆为全螺纹 GFRP 锚杆和钢锚杆，在相同的试验场地，两者的锚固段长度均为 2.0m，直径均为 28mm。本次试验 GFRP 锚杆与钢锚杆的破坏模式基本相同。如表 2-6 及图 2-18 所示，GFRP 抗浮锚杆的极限承载力与钢锚杆相当，能够满足工程需要。贾新等（2006）研究表明，GFRP 锚杆杆体的抗拉强度约是钢锚杆杆体抗拉强度的 2 倍，因此在工作荷载作用下，选用较细的 GFRP 锚杆来代替较粗的钢筋，用于地下结构抗浮可以节约工程造价，且便于施工。本书的研究结果与贾新等（2006）结果的差异，主要是由于锚固长度小于锚杆的有效锚固长度。GFRP 抗浮锚杆第一界面广义平均黏结强度高于钢锚杆第一界面广义平均黏结强度，而钢筋抗浮锚杆第二界面广义平均黏结强度略高于 GFRP 抗浮锚杆。采用 GFRP 锚杆代替钢锚杆用于地下结构抗浮是完全可行的，尤其在沿海城市应用于城市轨道交通。

2.4　改进的 GFRP 抗浮锚杆抗拔性能现场试验

为了深入了解 GFRP 抗浮锚杆杆体材料的破坏形态，揭示其破坏机理，本节试验在前面两种拉拔试验的基础上，改进了试验加载装置，增加了 GFRP 抗浮锚杆的锚固长度。将裸光栅串植入 GFRP 锚杆内，用液压式穿心千斤顶对锚杆施加拉拔荷载，能够更好地避免试验过程中因荷载偏心对锚杆产生的不利影响，同时简化了试验装置，并用光栅传感技术监测锚杆杆体应变，研究大直径 GFRP 抗浮锚杆在风化岩地基中的受力破坏机制。

2.4.1　试验方案及过程

试验场区内主要为中风化花岗岩，呈肉红色，粗粒结构，岩体呈块状构造，与 GFRP 锚杆黏结性能现场试验位于同一场地。试验锚杆总数为 3 根，均为ϕ28mm GFRP 螺旋状实心筋材，型号为 YF-H50，GFRP 抗浮锚杆材料参数如表 2-1 所示，几何参数见表 2-7。

表 2-7　GFRP 抗浮锚杆几何参数

编号	锚杆直径/mm	锚杆总长度/mm	锚固段长度/mm	加载端长度/mm
G28-01	28	6500	5000	1500
G28-02	28	6500	5000	1500
G28-03	28	6500	5000	1500

在 GFRP 锚杆成型过程中，分别在每根杆体内预先植入 7 个半串联式裸光纤光栅传感器，间距为 700mm。裸光纤光栅传感器布设方式如图 2-21 所示。

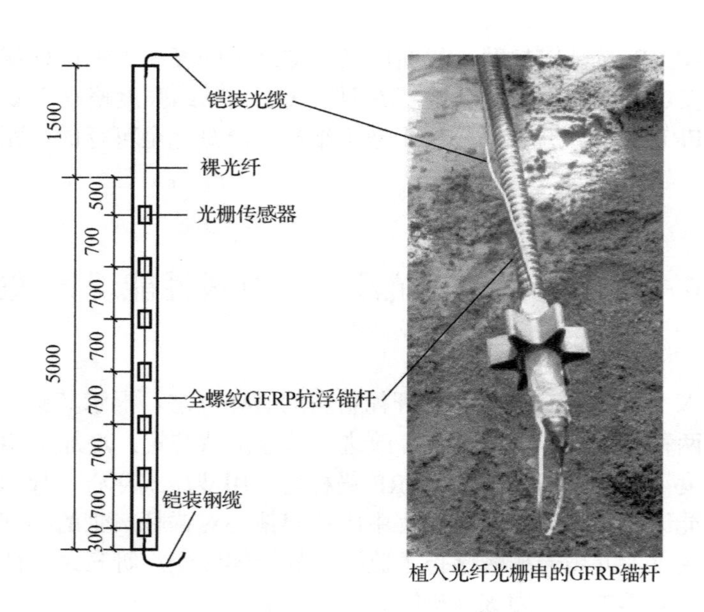

图 2-21 光纤光栅传感器分布示意图（尺寸单位：mm）

试验钻孔直径均为 110mm，钻孔深度超过锚杆有效长度 0.5m，锚固介质为 M32.5 水泥砂浆。试验过程中，为保证加载端不产生应力集中致使锚杆产生材料破坏，加载端采用环氧树脂混合液黏结钢套管（内径为 50mm，壁厚 t 为 5mm）的方式对 GFRP 锚杆进行保护，GFRP 锚杆夹具采用焊接方式固定在钢套筒外侧。采用 KQF-60t，行程为 20cm 的手动式油压穿心千斤顶进行加载，荷载测量装置为山东科技大学生产的 MGH-500 锚索测力计及 GSJ-2A 型检测仪；采用美国 MOI 公司开发的 SI425 光纤光栅解调仪采集裸光纤光栅串波长的变化，杆体位移测试采用精度为 0.01mm，量程为 30mm 的百分表进行测读；百分表配套磁性表架、基准梁及锚杆专用夹具等。试验加载装置如图 2-22 所示。

本次试验为破坏性试验，加载过程采用逐级加载，按 0→50kN→100kN→150kN→200kN→250kN→300kN→…加载，直至锚杆破坏。每级荷载施加完毕后，应立即读取位移量，以后每间隔 5min 读取一次。相邻两级荷载之间的加载时间间隔为 15min。根据《建筑基坑支护技术规程》（JGJ 120—2012），当试验过程中出现下列情况之一时，可判定锚杆破坏：①从第二级加载开始，后一级荷载产生的单位荷载下的锚头位移增量大于前一级荷载产生的单位荷载下的锚杆位移增量的 5 倍；②锚头位移不收敛；③锚杆杆体破坏。

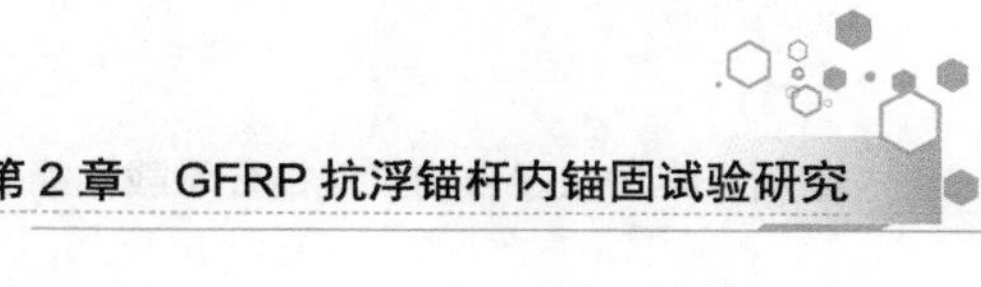

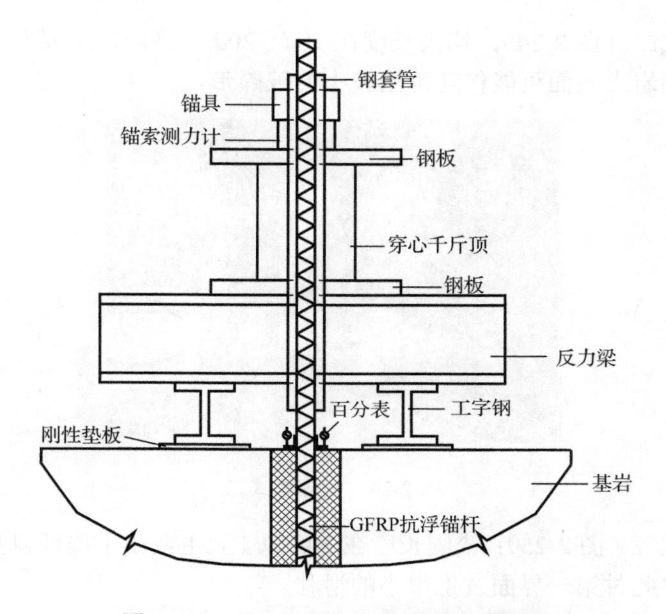

图 2-22　GFRP 抗浮锚杆加载装置示意图

2.4.2　锚杆破坏特征分析

Hyett 等（1995）通过 24 根 GFRP 锚杆拉拔试验结果，总结出 GFRP 锚杆主要发生如下三种破坏模式。

破坏模式一（图 2-23）：锚固长度在 0～10d（d 为 GFRP 锚杆的直径）范围内发生第一界面、第二界面共同黏结破坏，此时常伴随着地层呈倒锥体拔出，周围岩土层表面有较大隆起。

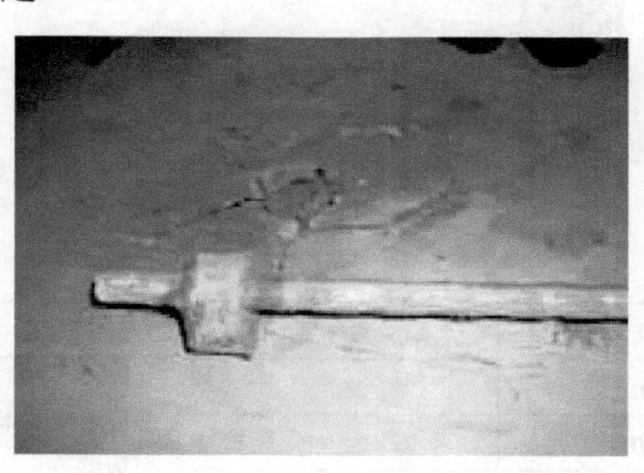

图 2-23　破坏模式一

破坏模式二（图 2-24）：锚固长度在 10*d*～20*d* 范围内，主要发生第一界面黏结破坏，周围岩土表面可能伴随范围较小的破碎带。

图 2-24 破坏模式二

破坏模式三（图 2-25）：锚固长度在 20*d* 以上，主要由于锚杆自身强度不足发生屈服破坏，此时第一界面发生很小的滑移。

图 2-25 破坏模式三

在本次试验条件下，GFRP 抗浮锚杆最大加荷状态下破坏情况统计见表 2-8。

表 2-8 GFRP 抗浮锚杆试验情况统计

锚杆编号	最大加载量/kN	锚头位移量/mm	破坏形态
G28-01	450	26.32	锚杆和锚固体界面（第一界面）剪切破坏
G28-02	400	27.25	
G28-03	500	28.40	

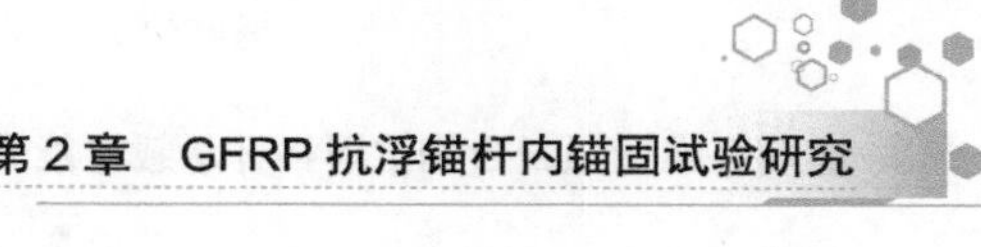

锚杆在加载过程中，当加载到最大加载量的 60%～70%时，由于试件损伤杆体发出的轻微的破裂声。随着荷载继续增加，锚头位移不断上升，锚头锚固体出现 8～10cm 裂缝，纤维剥离树脂声响持续增大，破坏时，G28-01 锚杆与锚固体之间有滑移痕迹；G28-02 杆体表面有白斑状裂纹，杆体表面纤维脱落；G28-03 杆体表面有较多纤维片发生断裂。试验过程中 3 根 GFRP 锚杆均未出现锚杆杆体或锚杆砂浆棒整体拔出的现象，而是在锚固段最大剪应力处发生剪切滑移破坏，如图 2-26 所示。

（a）锚固体开裂

（b）锚杆与锚固体有滑移痕迹

（c）纤维片断裂

（d）表面纤维脱落

图 2-26　GFRP 抗浮锚杆破坏形态

2.4.3　*Q-s* 曲线分析与极限抗拔力的确定

不同荷载作用下 3 根 GFRP 抗浮锚杆 *Q-s* 曲线如图 2-27 所示，最大加载量及锚头位移统计值见表 2-8。

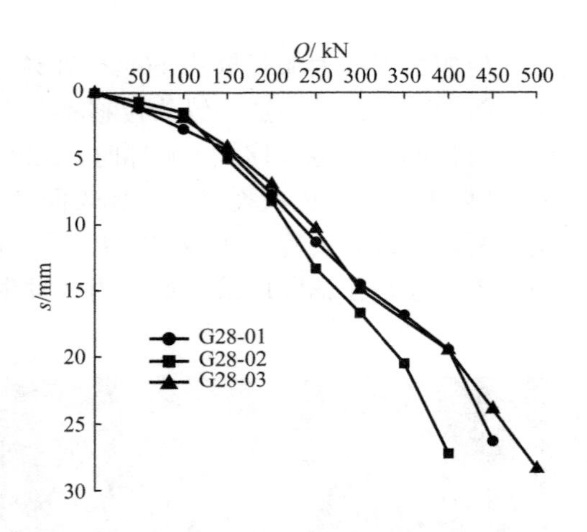

图 2-27 GFRP 抗浮锚杆 Q-s 曲线

从图 2-27 及表 2-8 可以看出，3 根抗浮锚杆在拉拔荷载作用下锚头上拔量随荷载增加逐渐增大，Q-s 曲线呈缓变型。当荷载较小时，Q 与 s 基本呈线性关系，随着荷载的增大，锚头上拔速率逐渐增大，Q-s 曲线逐渐变为非线性。根据《建筑基坑支护技术规程》（JGJ 120—2012）确定的各试验锚杆的极限抗拔承载力如图 2-28 所示。锚杆极限抗拔承载力标准值可取平均值，所以ϕ28mm GFRP 抗浮锚杆的极限抗拔承载力为 400kN。而相同直径的黏结型钢筋锚杆的极限抗拔承载力约为 206kN。因此，在本次试验条件下，直径为 28mm 的 GFRP 锚杆的极限抗拔承载力几乎是相同直径的钢筋锚杆极限抗拔承载力的 2 倍，不仅锚杆的安全性有了保障，而且还解决了耐久性问题。

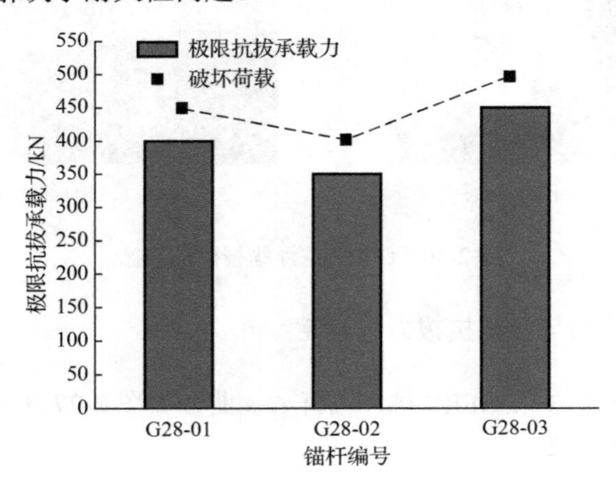

图 2-28 锚杆的极限抗拔承载力

2.4.4　锚杆轴力传递特征分析

本次试验时间较短，光栅传感器承受的温度场是均匀的，仅产生特征波长的偏移光谱响应未改变，所以忽略了温度变化对裸光纤光栅串波长变化的影响。图 2-29 为不同荷载作用下 GFRP 锚杆轴力沿深度变化曲线。

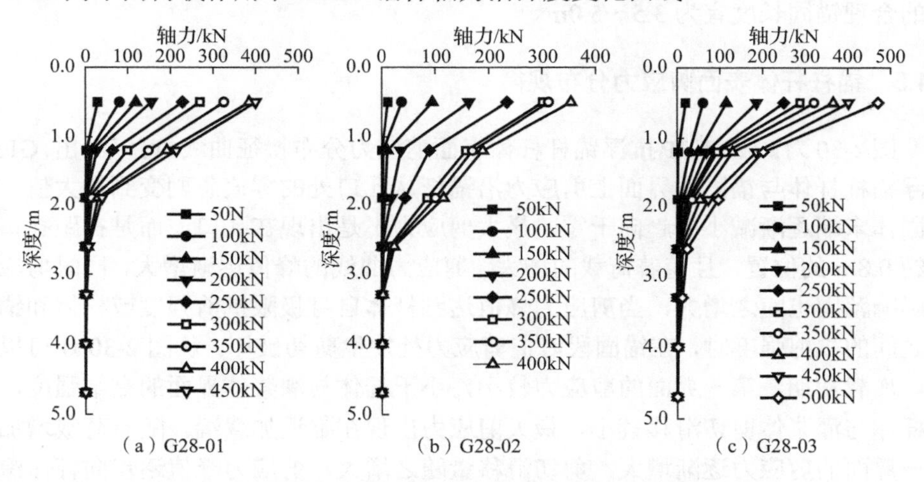

图 2-29　不同荷载作用下 GFRP 锚杆轴力沿深度变化曲线

从图 2-29 可以看出，3 根锚杆的轴力分布规律基本相同，杆体不同位置的轴力随着荷载的增加均显著增加，但增加的幅度不同，深部增幅大，浅部增幅小。孔口处产生高度应力集中，应力主要集中在距孔口约 3m 以内的区域，杆体末端基本上无应力。孔口处，锚杆轴力随荷载的增加达到最大值，在孔口浅部迅速衰减。杆体轴力衰减幅度随深度的增大逐渐减小。可见，GFRP 锚杆杆体轴力不是沿深度均匀分配，而是沿深度逐渐向下传递。

由于临界锚固长度的存在，本次试验 3 根锚杆的轴力传递深度均为 3.5m 左右，应力主要集中在孔口位置向下约 3.0m 范围内，这说明距孔口 3.0m 以下部分对整个锚杆的承载性状影响甚微，所以仅靠增加锚固长度的方法不能有效提高锚杆的抗拔承载力。另外，在锚杆锚固长度增加的同时，为了使锚杆的抗拔承载力充分发挥，则需要产生较大的锚头位移或滑移，而较大的位移或滑移会导致锚固体单位长度上的表面摩阻力逐渐减少，当达到一定的长度后，摩阻力就会消失，对结构的抗浮稳定极为不利。如果仅靠增加锚杆的设计拉拔承载力来发挥整个锚固段内的黏结力，此时的上拔位移会明显增大，对于上部结构的安全也是不利的。所以，考虑锚杆施工方法的不同、设计细部的不同以及岩层的局部差异，锚固长度不宜超过 5.0m。锚杆的锚固段长度也不能太短，其长度不仅要保证围岩与锚固体黏结力的充分发挥，还要保证锚杆杆体有足够的应力储备，确保抗浮结构的整体稳定性。本次试验结果表明：中风化花岗岩条件下，ϕ28mm 的 GFRP 抗浮锚杆的应力传递深度约为 3.5m。因此，在本次试验条件下，直径为 28mm GFRP 抗浮锚杆的合理锚固长度宜为 3.5～5.0m。

2.4.5 锚杆杆体表面剪应力分布规律

图 2-30 为 3 根 GFRP 抗浮锚杆杆体表面剪应力分布特征曲线。可以看出，GFRP 抗浮锚杆杆体与锚固体界面上剪应力沿锚杆从孔口处的零值急剧变到最大值，在锚固体末端逐渐减小并趋向于零。最大剪应力不是出现在孔口，而是在距孔口以下约 0.8m 的位置，且随着荷载的增大，剪应力曲线的峰值逐渐增大，同时剪应力的影响范围也随之增大，当剪应力峰值达到杆体自身极限抗剪强度或杆体和锚固体之间的抗剪强度时，在锚固段峰值剪应力处发生剪切破坏。从图 2-30 还可以看出，加载初期，第一界面的剪应力较小，小于杆体与灌浆体界面的黏结强度，锚杆杆体与灌浆体剪切滑移较小，最大剪应力出现在临近加载端。随着荷载增加，第一界面的剪应力逐渐增大，剪切滑移量随之增大，剪应力峰值逐步向杆体深部转移，孔口附近第一界面的黏结力则显著下降。在峰值剪应力点发生转移的同时，零值点也会向杆体深部转移。

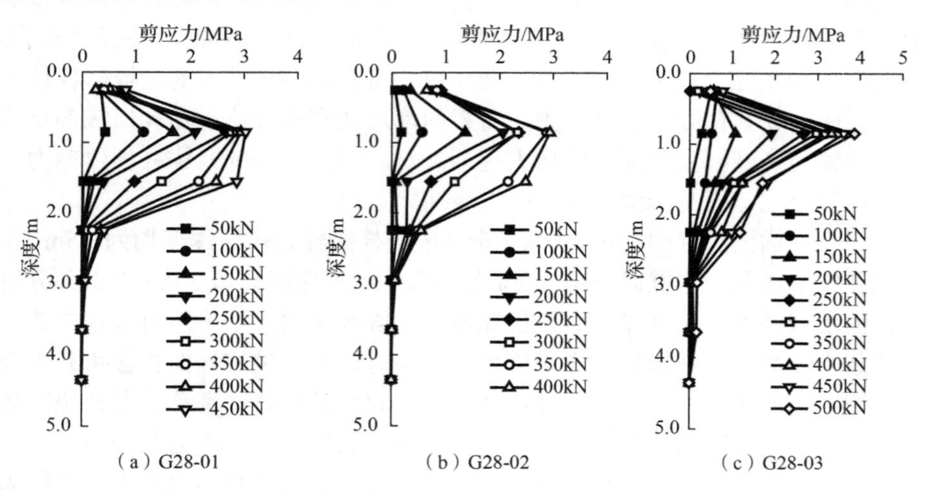

图 2-30 锚杆杆体表面剪应力分布特征曲线

2.4.6　第一界面广义平均黏结强度

3 根 GFRP 抗浮锚杆均产生第一界面剪切破坏，经计算 3 根 GFRP 抗浮锚杆与砂浆之间的平均黏结强度分别为 1.02MPa、0.91MPa 和 1.14MPa。本次试验结果与黄志怀等（2008b）研究结果及本书黏结性能试验（1.54MPa 和 1.50MPa）的结果相比偏小，而且低于《岩土锚杆与喷射混凝土支护工程技术规范》(GB 50086—2015）中所列下限值 2.0MPa。究其原因，GFRP 锚杆的应力传递深度与锚杆直径、钻孔直径、锚固长度、锚杆表面形态、锚固体强度及周围岩土性质等因素有关。在风化岩中，围岩的风化程度（或弹性模量）对 GFRP 锚杆的应力传递深度影响较大。本书试验锚杆的锚固段长度大于杆体的应力传递深度，使得 GFRP 抗浮锚杆与砂浆的广义平均黏结强度值偏低。

第3章　GFRP 抗浮锚杆外锚固试验研究

3.1　引　　言

在 GFRP 抗浮锚杆中，锚筋外伸进入有限厚度的混凝土底板内（外锚固），又不能弯折，而基础底板的厚度有限，锚固长度受到限制，所以锚固成了一个问题，有必要寻求合理的锚固方法。普通钢筋锚杆孔口段钢筋直接弯折后在肋梁内或钢筋混凝土底板内锚固从而满足锚固长度要求。GFRP 材料的抗弯性能不佳，不能像钢筋锚杆那样随意弯折锚固。地铁列车运行速度较高，对轨道变形的要求也比传统建（构）筑物更为严格，因而很有必要开发一种新型的锚固系统来解决 GFRP 抗浮锚杆的外锚固问题。

目前，虽然国内外学者已对 GFRP 锚杆体做了大量试验研究，但只是局限于考察 GFRP 锚杆的内锚固问题，即 GFRP 锚杆与岩土体的锚固，将 GFRP 材料用于抗浮锚杆的研究较少，当然更没有专门针对 GFRP 抗浮锚杆外锚固的系统性研究。鉴于此，本章提出一种新型的锚固系统——螺母托盘锚具，该锚具由应力扩散托盘和紧锁螺母组成，以螺纹连接的方式锚固在锚杆的外锚固段。通过自行设计的 4 组大型构件室内对拉试验，采用一组 2 个对浇，内部设置联通的 GFRP 螺纹锚筋进行对拉，测定外锚固段变形量（也可称作滑移量或底板变形量）及外锚固极限承载力，揭示 GFRP 抗浮锚杆的外锚固承载机理，为 GFRP 锚杆的推广应用奠定理论基础，并为 GFRP 抗浮锚杆的设计、施工提供依据。

3.2　螺母托盘锚具的工作原理

由于 GFRP 材料的抗剪强度和抗挤压强度都很小，GFRP 锚杆不能采用普通钢筋的锚具，需专门研制。在分析研究国内外已有 FRP 筋锚具的基础上，本书作者采用并改进了国内生产的全螺纹 GFRP 抗浮锚杆螺母托盘锚具。该锚具由应力

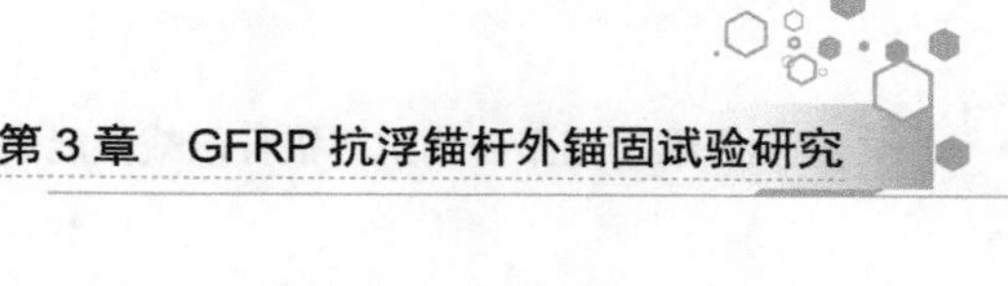

扩散托盘和锁紧螺母组成，两者均采用 GFRP 材料制成，应力扩散托盘呈圆盘状，以螺纹连接的方式连接在锚杆外锚固段，提供持续的锚固力，与建（构）筑物的基础底板现浇于一起。锁紧螺母呈六边形，便于安装锁紧，以螺纹连接的方式连接在锚杆杆体外锚段，内端与应力扩散托盘外端卡相连，提供可靠的锚固力，如图 3-1 和图 3-2 所示。螺母托盘锚具有生产工艺简单、质量易于控制、施工便捷等优点。经试验测定，该锚具的锚固性能达到了预期目标。

全螺纹 GFRP 抗浮锚杆的外锚固段是锚杆与地下结构底板的连接部件，螺母、托盘及锚杆的耦合程度决定了锚杆外锚固承载力。其锚固原理是用混凝土将锚杆与其相耦合的螺母托盘现浇于一起，当地下结构底板承受浮力，即 GFRP 抗浮锚杆受拉时，GFRP 杆体将在结构底板内产生轴向滑移，随着浮力的增加，滑移向外锚固段的深部发展，使得外锚固段应力扩散托盘与 GFRP 杆体产生螺纹咬合力并传递给锁紧螺母。锁紧螺母能够提供足够的锁紧力，内端与应力扩散托盘卡在一起，使应力扩散托盘与锚杆杆体紧密连接，两者在锚杆体的外锚固段能够迅速形成抗浮锚固力。应力扩散托盘表面光滑，表面积大，能够分散和传递锚固力，从而达到共同锚固 GFRP 抗浮锚杆的目的。

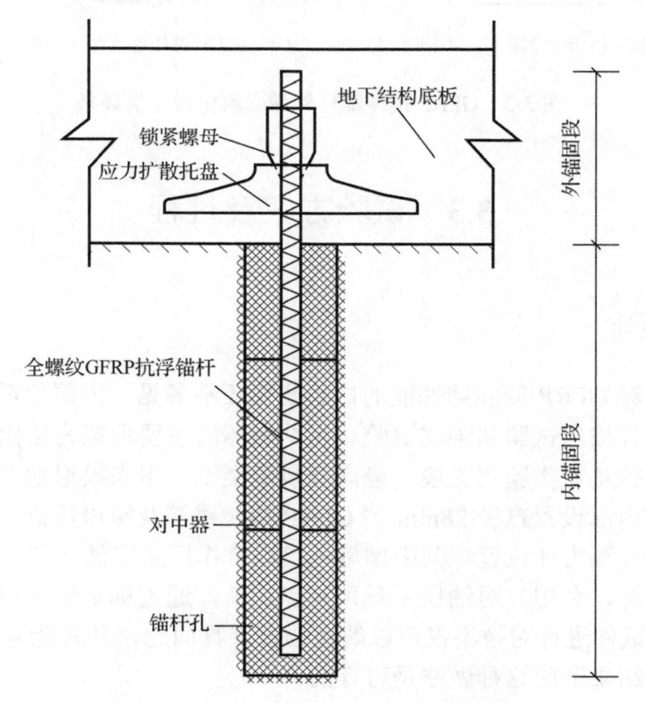

图 3-1　全螺纹 GFRP 抗浮锚杆装置示意图

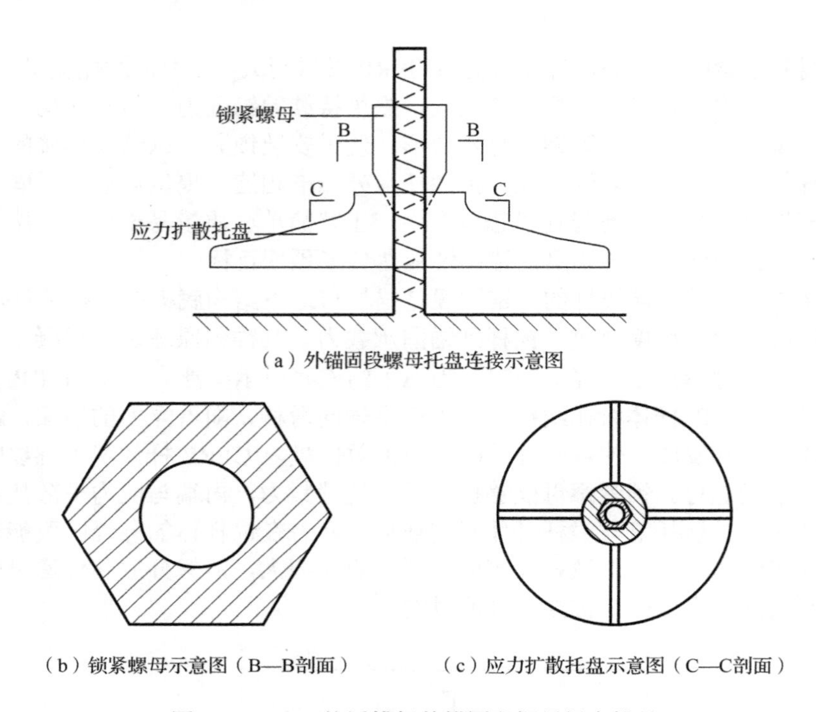

（a）外锚固段螺母托盘连接示意图

（b）锁紧螺母示意图（B—B剖面）

（c）应力扩散托盘示意图（C—C剖面）

图 3-2 GFRP 抗浮锚杆外锚固段螺母托盘锚具

3.3 试验方案及过程

3.3.1 试验设计

目前，针对 GFRP 筋黏结性能的试验研究还不多见。大部分都按钢筋黏结性能试验方法进行拔出试验和梁式试验。黏结破坏的主要形态为拔出破坏和劈裂式破坏。本次试验是在实验室支模，竖向浇筑混凝土，用来模拟地下结构底板，一组 2 个对浇，内部设置直径 28mm 的 GFRP 螺纹锚筋及螺母托盘，锚筋联通，中间预留千斤顶及测力计位置，其中螺母托盘由合作厂家定做（图 3-3），待混凝土达到设计强度时，利用一对油压千斤顶同步加荷，通过标定好的荷重传感器确定加载值，2 个试件进行对拉不仅可以解决锚杆夹具问题，并且能同时进行 2 个平行试验，试验结果证明这种做法是可行的。

模拟底板的混凝土块厚度分别为 500mm 和 900mm，以改变锚固长度。为了

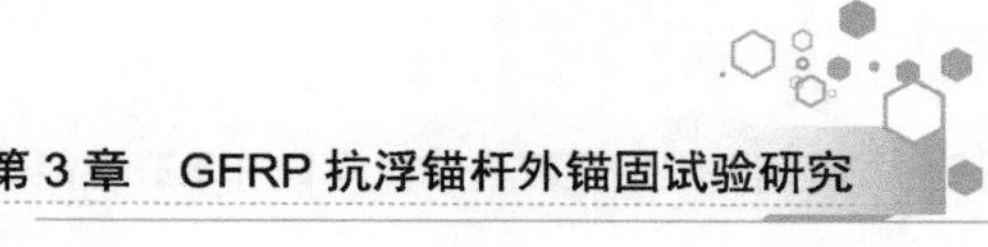

比较，同时进行 2 组不设螺母托盘的直锚筋锚固试验，锚筋长度分别为 420mm（15*d*）和 840mm（30*d*），*d* 为 GFRP 锚杆直径，共进行 4 组 8 个试验，借助试验结果分析锚固承载力，确定锚固端变形量，即相对大锚杆而言的外锚固变形。试验参数如表 3-1 所示，对拉模型试验装置如图 3-4～图 3-7 所示。

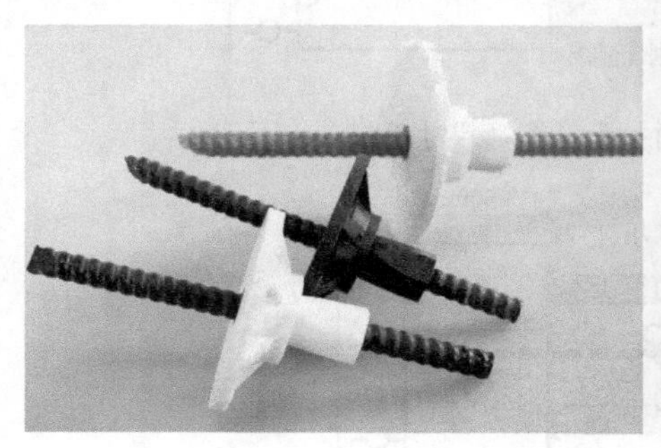

图 3-3　螺母托盘锚具实物图

表 3-1　试验设计参数

试件编号	锚杆直径/mm	锚固长度/mm	混凝土标号	试件尺寸	螺母托盘
ZM-d28-15	28	420	C25	800mm×800mm×500mm	无
ZM-d28-30	28	840	C25	800mm×800mm×900mm	无
LM-d28-15	28	420	C25	800mm×800mm×500mm	有
LM-d28-30	28	840	C25	800mm×800mm×900mm	有

注：试件编号中 ZM 表示直锚筋，LM 表示增设螺母托盘，28 表示直径为 28mm，15、30 分别表示锚固长度为 15*d*、30*d*。

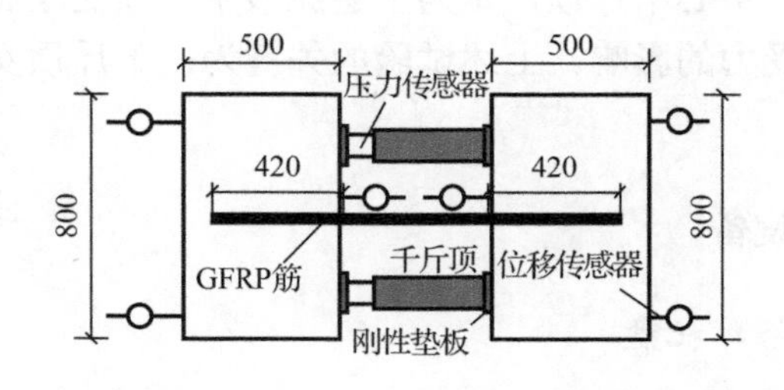

图 3-4　试件 ZM-d28-15 对拉示意图（尺寸单位：mm）

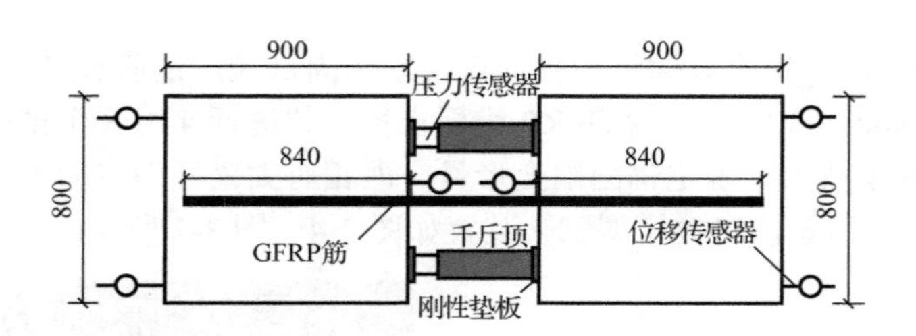

图 3-5 试件 ZM-d28-30 对拉示意图（尺寸单位：mm）

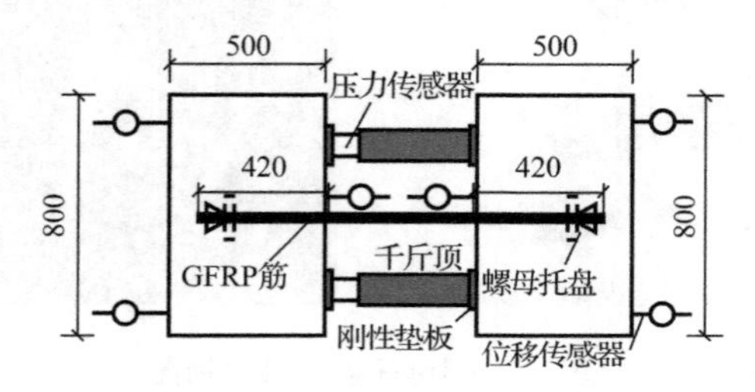

图 3-6 试件 LM-d28-15 对拉示意图（尺寸单位：mm）

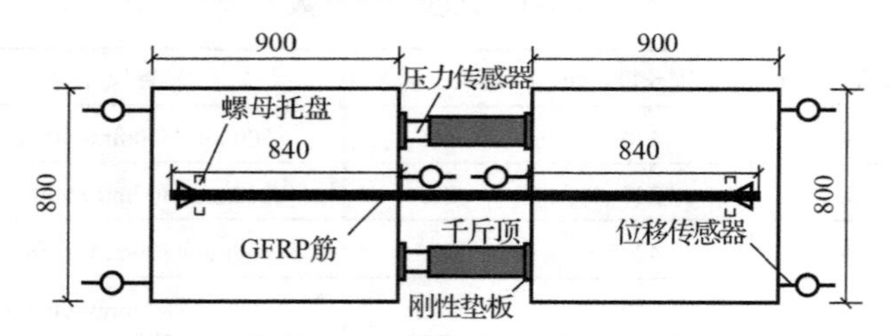

图 3-7 试件 LM-d28-30 对拉示意图（尺寸单位：mm）

以上试验未采用穿心千斤顶，是为了避免该千斤顶支座面积过小且集中在锚杆杆体周围对锚固受力的影响。上述试验的关键为：千斤顶安装时要对称居中，保证同步受力。

3.3.2 试验材料及设备

1. GFRP 筋及螺母托盘

试验采用的材料为南京某公司生产的ϕ28mm GFRP 螺旋状实心筋材，全螺纹 GFRP 抗浮锚杆表面形态如图 3-8 所示，型号为 YF-H5-28。其中，玻璃纤维含量为 75%，树脂含量为 25%；横截面积为 590mm^2，密度为 2.1g/cm^3，每米质量为

1195g；极限抗拉承载力 432kN，极限抗拉强度 702MPa，抗剪强度为 150MPa，弹性模量为 51GPa。

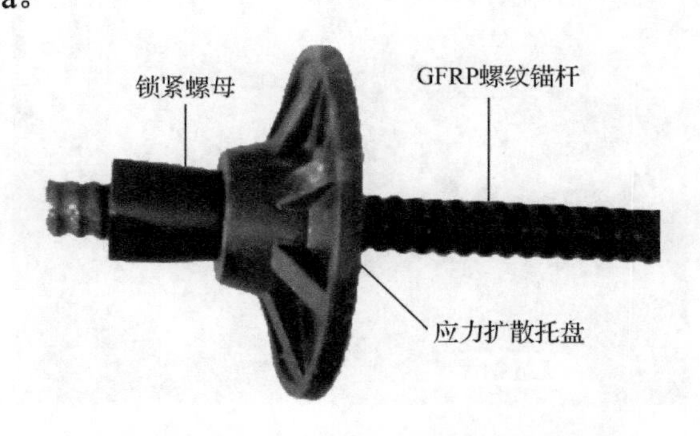

图 3-8　全螺纹 GFRP 抗浮锚杆表面形态

螺母托盘委托同一厂家生产，不同规格的螺母托盘承载力参数如表 3-2 所示。本次试验采用规格为 28-170 的螺母托盘，螺母轴向长度为 60mm，其中，28 表示螺母直径为 28mm，170 表示托盘直径为 170mm。

表 3-2　螺母托盘承载力参数

规格	承载力/kN	规格	承载力/kN
18-125	65	25-170	110
20-140	75	28-170	120
22-140	85	32-170	130
24-170	100		

2. 基体材料

试验采用强度等级为 C25 的商品混凝土浇筑成的块体（尺寸分别为 800mm×800mm×500mm、800mm×800mm×900mm）模拟地下结构底板。基体混凝土采用木模成型（图 3-9），木模两端预留孔洞，孔洞设在模板的中心位置且直径稍大于 GFRP 锚杆的直径，防止在浇筑混凝土过程中 GFRP 筋的位置发生偏移。在浇筑混凝土前，将一定数量的ϕ32mm 无缝钢管放置在木模底面与地面之间，作为滚轴支座抵消对拉试件与地面的摩阻力。水平放置 GFRP 筋，垂直浇筑混凝土，用振捣棒振动密实，不脱模养护，28d 后拆模。同批试件还浇筑了 3 组共 9 个 100mm×100mm×100mm 立方体试件，相同条件下进行养护，以测定混凝土的立方体抗压强度。

图 3-9 试验用模板箱

3. 试验设备

拉拔试验采用 2 台 500kN，行程为 20cm 的手动式油压千斤顶进行同步加载，千斤顶所提供的拉力通过标定好的 BHR-4 型荷重传感器（量程为 500kN，分辨率≤1kN）进行测量，数字显示仪型号为 YJ-32 型，如图 3-10 所示。GFRP 抗浮锚杆相对混凝土的滑移量采用精度为 0.01mm，量程为 30mm 的百分表进行测读。百分表配套磁性表架固定装置。

图 3-10 荷重传感器标定

3.3.3 试验过程

混凝土试件浇筑完毕 28d 后，用压力试验机测得 100mm×100mm×100mm 立方体试件抗压强度平均值为 25.4MPa（图 3-11），混凝土强度等级达到 C25，开始进行 GFRP 抗浮锚杆对拉试验。

图 3-11　混凝土抗压强度测试

1. 加载装置

加载装置包括刚性垫板（面积略大于测力计一倍，厚度大于 30mm）、荷重传感器（外接 YJ-32 型数字显示仪）和 2 台相同的手动式油压千斤顶（每台油泵控制一台油压千斤顶）3 部分。在 GFRP 抗浮锚杆与混凝土试件接触面位置各安装一个百分表，直接测定 GFRP 抗浮锚杆与混凝土试件的相对滑移量。在对拉试件两侧与 GFRP 筋相同标高处对称安装 4 个百分表，一方面用于测定对拉试件在两个相反方向的位移值，另一方面根据两个百分表的位移值控制千斤顶的压力值，确保 GFRP 抗浮锚杆轴向受拉。油压千斤顶安装前，先对千斤顶安装位置进行定位，使千斤顶的轴心与 GFRP 抗浮锚杆的轴心在同一水平面，2 台千斤顶相对于 GFRP 筋左右对称，同样是为了确保 GFRP 抗浮锚杆轴向受拉。

2. 加载方式

在试验前预加荷载用以检验加载设备安装是否满足要求，必要时进行调整，并对千斤顶和荷重传感器进行标定。试验加载用 2 台 500kN 的千斤顶并联同步进行对拉，加载方式采用手动油泵逐级加载，第一级荷载为 40kN，以后逐级增加 40kN，即按加载量进行：0→40kN→80kN→120kN→160kN→200kN→240kN，以约 0.2kN/s 的速率匀速加载，直至 GFRP 锚杆破坏。每级荷载施加完毕后，应立即观测滑移量，以后每间隔 5min 观测一次。相邻两级荷载之间的加载时间间隔为 15min，千斤顶的压力由荷重传感器外接的 YJ-32 型数字显示仪控制。具体试验过程现场照片如图 3-12 所示。

（a）模板箱制作及钻孔

（b）锚筋定位及安装螺母托盘

（c）锚筋及锚具安装完毕

（d）待浇筑混凝土

（e）灌筑混凝土并振捣密实

（f）试件养护

（g）仪器仪表安装

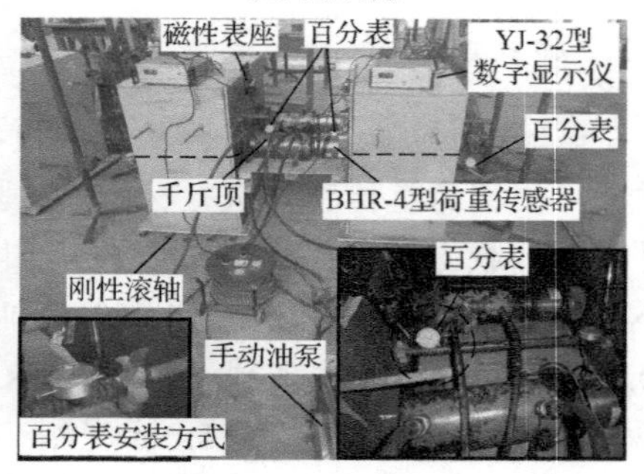

（h）试验加载

图 3-12　试验过程现场照片

3.4　试验结果与分析

3.4.1　试验现象及破坏特征分析

本次对拉试验中，4 组对拉试验锚杆最终发生两种破坏形态：锚杆拔出破坏和锚杆劈裂破坏。GFRP 抗浮锚杆试验最大加荷状态下破坏情况见表 3-3，GFRP 抗浮锚杆破坏形态如图 3-13 所示。

表 3-3　GFRP 抗浮锚杆试验最大加荷状态下破坏情况

试件编号	锚固形式	锚固长度/mm	最大加载量/kN	滑移量/mm	破坏形态
ZM-d28-15	直锚筋	420（15*d*）	215.0	4.24/1.69	锚杆拔出破坏
ZM-d28-30	直锚筋	840（30*d*）	356.0	7.66/7.54	锚杆劈裂破坏
LM-d28-15	螺母托盘	420（15*d*）	267.2	5.13/4.54	锚杆拔出破坏
LM-d28-30	螺母托盘	840（30*d*）	384.4	8.98/8.25	锚杆拔出破坏

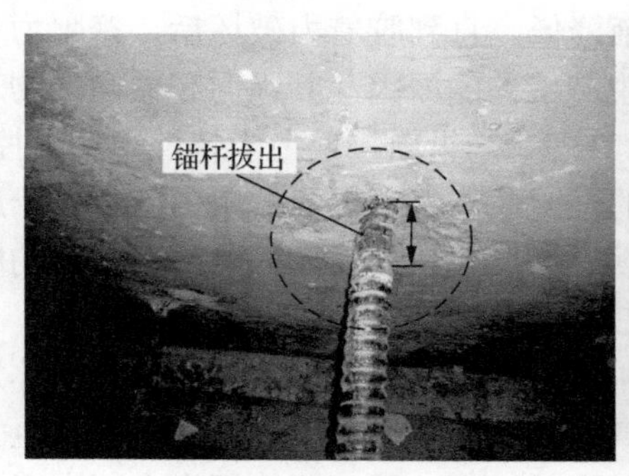

（a）试件ZM-d28-15

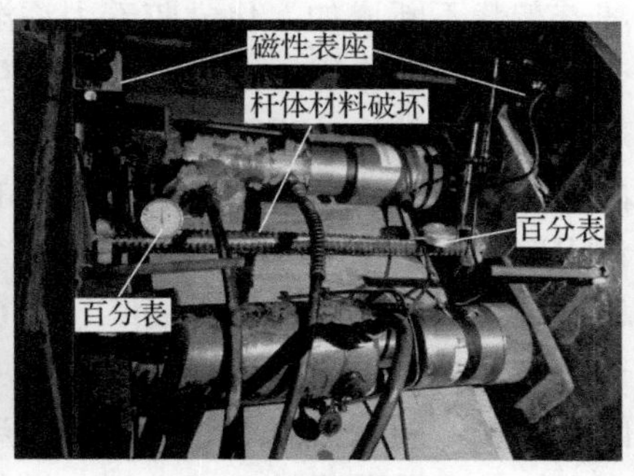

（b）试件ZM-d28-30

图 3-13　GFRP 抗浮锚杆破坏形态

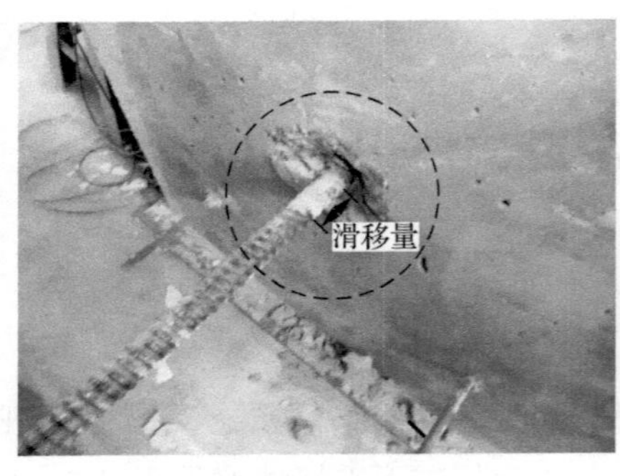

（c）试件LM-d28-15

（d）试件LM-d28-30

图 3-13（续）

试件 ZM-d28-15 在加载过程中，当加载到 120kN 时，试件损伤筋体发出轻微的破裂声。筋体拔出前，随着荷载继续增加，筋体相对混凝土的滑移量迅速增大，可以听到连续的黏结破坏的噼啪声，加载至极限荷载 215kN 时，伴随“嘣”的巨大响声，筋体被拔出。

该对拉试件锚固长度较短，对拉时发生拔出破坏。GFRP 锚杆与混凝土的黏结力主要由 GFRP 筋与混凝土表面的化学胶着力、摩阻力及机械咬合力组成。锚杆受荷初期，同步千斤顶提供的对拉力较小，起作用的主要是化学胶着力和摩阻力，随着荷载不断增加，化学胶着力逐渐降低，直到胶着力破坏后，摩阻力和机械咬合力便起主要作用。由于 GFRP 筋生产工艺的原因，其纵向和横向的物理力学性质存在明显差异，即正交各向异性，GFRP 筋纵向物理力学特性由纤维控制，而横向特性主要取决于树脂，通常树脂的强度低于混凝土的抗压强度，由于摩阻力的作用致使 GFRP 筋表面的横肋产生劣化，GFRP 筋表面的磨损和横肋的削弱又使机械咬合力进一步降低，最终导致 GFRP 锚杆从混凝土中拔出。

试件 ZM-d28-30 在加载过程中，当加载到 245kN 时，由于试件损伤筋体发出轻微的破裂声，随着荷载不断增加，响声增大并逐渐变密，最后突然发出巨大的断裂声，加载至极限荷载 356kN 时，试件突然破坏。其破坏特征为大范围劈裂破坏。锚杆出现明显塑性变形，锚杆与混凝土之间产生明显的滑移现象。

GFRP 抗浮锚杆的试验现象明显不同于钢筋抗浮锚杆，GFRP 锚杆在加载过程中会发出清脆的响声。究其原因，在加载初期，GFRP 锚杆中的玻璃纤维和树脂共同承受拉力，树脂首先发生屈服，当拉应力超过屈服点后，树脂进入塑性强化阶段，此时主要由玻璃纤维承担外加荷载的增量，当玻璃纤维的拉应力达到其断裂强度或玻璃纤维与树脂脱黏后杆体材料失去其承载力。由于在加载前后阶段

GFRP锚杆的损伤程度不同，会发出不同强度与不同密度的响声。

试件LM-d28-15在加载过程中，当加载达到约180kN时，筋体发出轻微的破裂声。随着荷载继续增加，锚杆相对混凝土的滑移量迅速增大，可以听到连续的黏结破坏噼啪声，加载至极限荷载267kN时，伴随“嘣”的巨大响声，锚杆被拔出。

试件LM-d28-30在加载到约260kN时，锚杆开始发出噼啪声，随着荷载的增加，杆体的滑移变形开始增大，最后加载到极限荷载384kN时，锚固端产生较大变形，锚杆被拔出，此时发出的声响比试件LM-d28-15更大，荷载迅速降到较低水平。

试件LM-d28-15和LM-d28-30的破坏形态均为锚杆被拔出，产生黏结滑移破坏。从破坏形态上可直观看出试件LM-d28-30的滑移量较试件LM-d28-15更大，杆体拔出破坏的同时，杆体周围约5*d*（*d*为锚筋直径）范围内混凝土也产生隆起或脱落，杆体的强度尚未充分发挥。

3.4.2 螺母托盘锚固性能分析

GFRP抗浮锚杆杆体材料属于非均质各向异性复合材料，实质上是由树脂材料胶结起来的玻璃纤维束，与钢筋锚杆相比，GFRP锚杆的极限强度离散性较大。这种离散性主要由纤维强度、树脂强度、固化剂类型及含量、纤维和树脂的配合比、纤维胶结均匀程度、固化温度、成型工艺等诸多因素决定。

本书试验采用螺母托盘锚固的2组对拉试件，试件LM-d28-15的破坏荷载为267.2kN，试件LM-d28-30的破坏荷载为384.4kN，可见，ϕ28mm GFRP抗浮锚杆外锚固系统可提供较大的极限抗拔力，能够满足工程需要。2组采用同批次相同直径的GFRP锚杆、相同的混凝土强度等级、同种条件下制作的试件，试件LM-d28-30较试件LM-d28-15的锚固效果好，锚固承载力提高约43.9%。参照《预应力筋用锚具、夹具和连接器应用技术规程》（JGJ 85—2010），本书提出一种外锚固段广义效率系数来评价GFRP抗浮锚杆锚固性能。这种广义效率系数包括锚杆杆体与混凝土的锚固、螺母托盘与混凝土的锚固以及杆体与螺母托盘的耦合作用。由于GFRP锚杆的极限强度离散性较大，广义效率系数只用于比较试件的锚固效果，至于其限制要求这里不做考虑。外锚固段广义效率系数根据试验结果可计算为

$$\eta_{\mathrm{a}} = F_{\mathrm{apu}} / \eta_{\mathrm{p}} g F_{\mathrm{pm}} \tag{3-1}$$

式中：η_{a}为外锚固段广义效率系数；F_{apu}为拉拔试验中外锚固段实测的极限拉力，

kN；F_{pm}为GFRP锚杆杆体实际平均极限抗拉力，kN，由GFRP锚杆试件实测杆体破断力平均值计算确定；η_p为GFRP锚杆的效率系数，一般取$\eta_p = 1.0$。

经计算分析，试件LM-d28-15外锚固段广义效率系数为0.619，试件LM-d28-30外锚固段广义效率系数为0.890，带螺母托盘的GFRP锚杆外锚固长度增加一倍，外锚固段广义效率系数可提高43.8%。破坏位置为螺母与GFRP锚杆耦合处，可见，对螺母与锚杆耦合界面进行处理是提高螺母托盘锚具锚固效率的关键。

徐平等（2011）开发了一种FRP筋夹片式锚具，通过对锚具的锚固性能试验及理论分析，认为锚具长度是影响锚固效果的关键因素，在一定范围内锚具越长，其锚固效率越高；另外，在锚具与FRP筋之间设置一层缓和介质，可提高锚具的锚固效果。结合本次试验螺母托盘锚具所出现的问题，可适当增加螺母的尺寸，即增大螺母的长度及内径可提高螺母与螺纹筋的黏结作用。本试验中，螺母长度为6cm，较小的耦合长度导致螺母与GFRP锚杆产生应力集中，降低了锚具的作用效果；而增大螺母内径，螺母与GFRP筋之间的空间增大，可在螺母内灌入一定量的缓和介质，以提高螺母托盘锚具的锚固性能，但所选用缓和介质的材料有待进一步研究。

3.4.3 荷载-滑移关系

试验过程中，GFRP抗浮锚杆与混凝土界面相对位移可直接采用百分表测量。由于百分表的磁性表座安装在距锚杆一定距离（>10*d*，*d*为锚杆直径）的对拉试件上，如图3-13（b）所示，百分表的读数为锚杆与混凝土交界面的相对位移，即GFRP抗浮锚杆与混凝土的滑移量。对拉试件荷载-滑移曲线关系如图3-14所示。

由图3-14（a）可知，对拉试件ZM-d28-15两端荷载-滑移曲线变化规律有所不同，在最后一级加载过程中，加载至极限荷载215kN时，试件一端滑移量为0.17mm，另一端滑移量为1.82mm，两端总滑移量分别为1.69mm和4.24mm。总滑移量相差2.55mm，究其原因，主要是试件制作的差异和加载过程中的荷载偏心导致对拉试件两端的外锚固极限承载力不同，滑移量较大的一端发生拔出破坏。在相同的外锚固长度下，对拉试件ZM-d28-30两端荷载-滑移曲线的变化规律相似，在每级对拉荷载作用下，试件两端的滑移量比较接近。GFRP锚杆受荷初期，杆体和混凝土之间的黏结力较小，低于两者的界面黏结强度，GFRP锚杆的滑移量较小。随着荷载持续增加，锚杆和混凝土界面的剪应力逐渐增大，加载端滑移量呈线性增加。当荷载水平达到320kN时，锚杆杆体和混凝土界面的剪应力达到两者的黏结强度，锚杆的滑移量出现拐点。当荷载超过拐点后，锚杆杆体与混凝土界面的剪应力超过两者的黏结强度，随着荷载的增大，锚杆滑移量明显增大，在孔口附近出现剪切滑移破坏。加载至极限荷载 356kN 时，锚杆滑移量发生突变，试件两端总滑移量也较为接近，分别为 7.66mm 和 7.54mm，最后一级荷载的滑移量为总滑移量的 37.0%～43.2%，剪切滑移破坏向锚杆内部逐渐延伸。

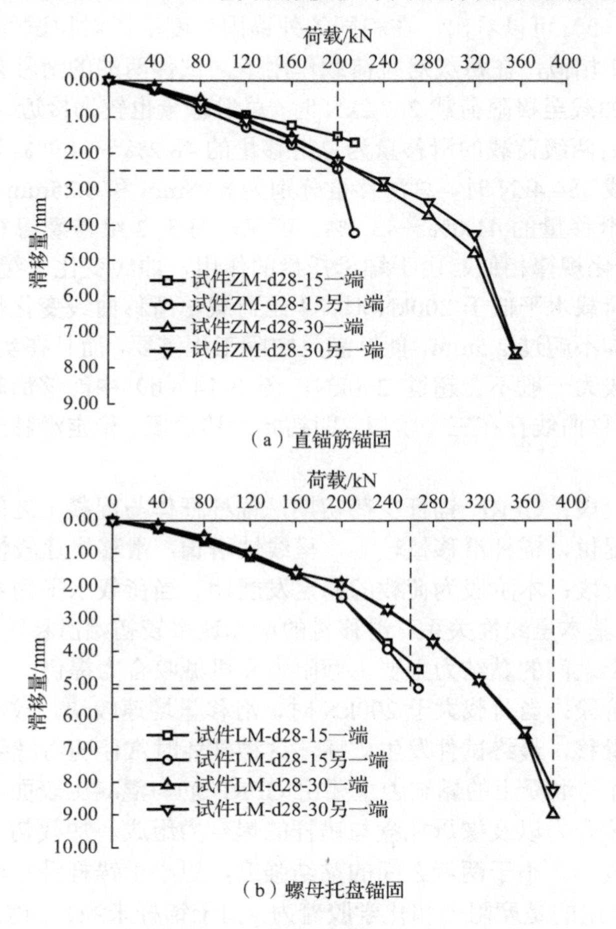

（a）直锚筋锚固

（b）螺母托盘锚固

图 3-14　对拉试件荷载-滑移曲线

此外，对于不同的外锚固长度，荷载-滑移曲线变化规律相似，呈现双折线形式，存在明显的拐点，均由缓和段和陡降段组成。在曲线缓和阶段，外锚固承载力主要由筋体与混凝土的化学黏结力、摩阻力以及机械咬合力共同作用，只是分担荷载的比例有所不同；在曲线陡降阶段，由于外锚固体发生拉拔破坏，外锚固承载力主要靠 GFRP 筋体与破碎混凝土之间的机械咬合力提供。另外，在其他条件不变的情况下，GFRP 抗浮锚杆的外锚固承载力随外锚固长度的增加而增大，总滑移量也随外锚固长度的增加而增加。实际工程中，GFRP 抗浮锚杆在工作荷载作用下的滑移量（底板变形量）应满足工程要求。

从图 3-14（b）可以看出，在相同的外锚固长度下，对拉试件两端荷载-滑移曲线的变化规律相似，在每级对拉荷载作用下，试件两端的滑移量比较接近，试件 LM-d28-15 加载至极限荷载 267.2kN 时，总滑移量也较为接近，分别为 5.13mm 和 4.54mm。最后两级荷载的滑移量为总滑移量的 48.2%～54.4%。试件 LM-d28-30 加载至极限荷载 384.4kN 时，总滑移量分别为 8.98mm 和 8.25mm。最后两级荷载的滑移量为总滑移量的 41.0%～45.3%。可见，对于 2 组带螺母托盘的试件，荷载-滑移曲线变化规律相似，由于螺母托盘的作用，曲线变化平缓。

另外，当荷载水平低于 200kN 时，4 组荷载 - 滑移曲线变化规律基本相同，外锚固变形量均不超过 2.5mm，能够满足实际工程需要，而且在实际抗浮工程中，锚杆的设计拉拔力一般不会超过 200kN。图 3-14（b）中能够清晰地看出 GFRP 锚杆的荷载-滑移曲线存在三个阶段，即初始滑移阶段、稳定滑移阶段和快速滑移阶段。

初始滑移阶段：GFRP 锚杆受荷初期，锚杆杆体与混凝土之间的黏结力主要由化学胶着力提供，锚杆滑移量较小，呈线性增长，滑移增速较慢。

稳定滑移阶段：本阶段为荷载的稳定发展期。当荷载水平为 40～200kN 时，荷载-滑移曲线基本呈线性关系，滑移量的增加速率较初始滑移阶段高。GFRP 锚杆杆体与混凝土之间的黏结力主要由摩阻力和机械咬合力提供。

快速滑移阶段：当荷载大于 200kN 时，滑移量增速较快，较小的荷载增量就会引起较大的滑移，最终试件发生破坏，这种破坏时常伴随着螺纹肋的削弱。

GFRP 锚杆与混凝土的黏结力主要由 GFRP 筋与混凝土表面的摩阻力、化学胶着力、机械咬合力以及螺母托盘与锚杆的耦合力组成。加载初期，杆体与锚固体之间剪应力较小，小于两者之间的黏结强度，更小于锚杆纤维丝与基体的黏结强度，起主要作用的是摩阻力和化学胶着力，由于锚杆未经表面喷砂等工艺处理，摩阻力和化学胶着力产生的作用较小。随着荷载增加，摩阻力和化学胶着力逐渐降低，此时锚杆螺纹与锚固体之间的机械咬合力便起主要的作用。随着锚杆表面螺纹处纤维丝的剪切破坏，机械咬合力在杆体一定长度范围内进一步降低，伴随着机械咬合力的降低，螺母托盘开始产生锚固作用。螺母托盘锚具的螺母采用与 GFRP 筋耦合的螺纹，能够提供一定的锁紧力，并在一定程度上增加锚具与杆体的接触面积，分散锚具应力。但这种形式的锚具是通过 GFRP 锚杆与螺母螺纹之

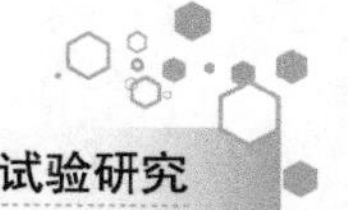

间机械咬合和摩擦作用实现的，这种咬合力在高应力水平下会对杆体纤维产生较大的剪应力，由于GFRP锚杆属正交各向异性材料，抗剪强度较低，当杆体与螺母之间的剪应力超过两者的抗剪强度，会造成锚具失效。为了实现GFRP锚杆与螺母的良好结合，可通过圆形的应力扩散托盘分别与螺母和锚杆紧密相连，将其浇筑在混凝土底板内，提供可靠的锚固力。

3.4.4 界面广义平均黏结强度

直径28mm的GFRP抗浮锚杆在C25（立方体试块抗压强度平均值为25.4MPa）商品混凝土的外锚固条件下，广义平均黏结强度随着外锚固长度变化的规律如图3-15所示。可以看出，ZM-d28-30、ZM-d28-15、LM-d28-30、LM-d28-15四组对拉试件中，GFRP抗浮锚杆与混凝土之间的广义平均黏结强度分别为4.82MPa、5.82MPa、5.20MPa和7.24MPa。由此可知，在其他条件不变的情况下，GFRP抗浮锚杆与混凝土之间的广义平均黏结强度随着外锚固长度的增加而降低；GFRP抗浮锚杆的外锚固长度越短，越能发挥杆体与混凝土之间的黏结力；当螺母托盘锚具锚固的GFRP抗浮锚杆的外锚固长度减小一半，其平均黏结强度提高约39%；而对于不同锚固形式、相同锚固长度的GFRP锚杆，螺母托盘锚固的GFRP抗浮锚杆界面黏结强度比直锚筋锚固形式提高7.9%～24.4%。

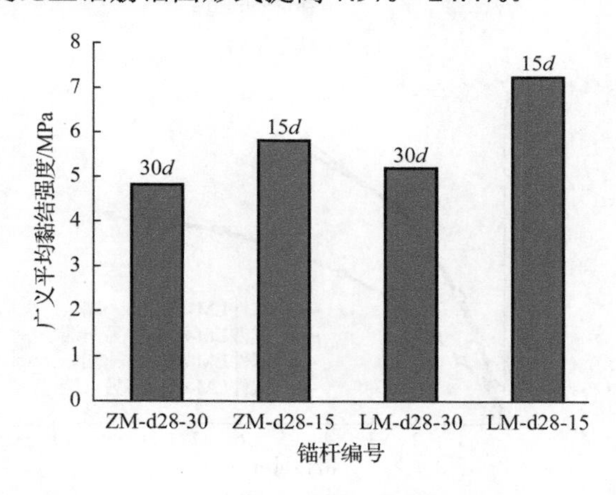

图3-15 广义平均黏结强度柱状图

研究表明，GFRP锚杆的锚固长度越短，越能发挥杆体与混凝土之间的黏结力，螺母托盘的耦合力也能够完全发挥。螺母托盘的承载力基本为一定值，随着锚固段长度的增加，单位锚固长度上的表面摩阻力会减少。GFRP抗浮锚杆的外锚固长度不能太短，该长度不仅要充分发挥锚杆杆体与混凝土之间黏结强度，而且要确保 GFRP 抗浮锚杆具有足够的锚固力。实际上，螺母托盘可作为外锚固段的安全储备以保证杆体和地下结构的整体稳定性，达到抗浮设计要求。

3.4.5 黏结-滑移关系

通过不同锚固形式和不同锚固长度对拉试件的对拉荷载与对拉试件两端滑移量，得到 GFRP 抗浮锚杆与混凝土平均黏结强度-滑移关系。图 3-16 为 GFRP 抗浮锚杆与混凝土平均黏结强度-滑移曲线。

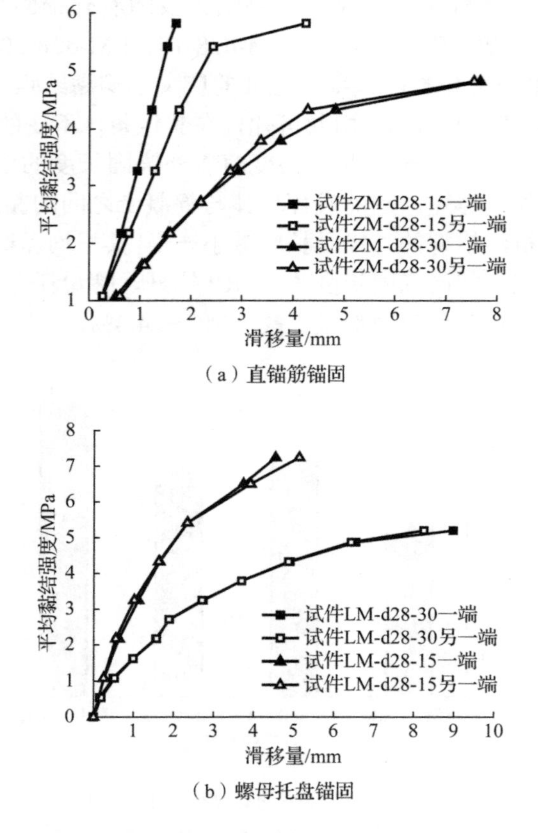

图 3-16 GFRP 抗浮锚杆与混凝土平均黏结强度-滑移曲线

由图 3-16（a）可知，在相同的外锚固长度下，对拉试件 ZM-d28-30 两端的 GFRP 抗浮锚杆与混凝土平均黏结强度-滑移关系曲线的变化规律相似，在每级对拉荷载作用下，GFRP 抗浮锚杆与混凝土平均黏结强度随着试件两端的滑移量的增加而提高，最后随着滑移量的不断增加，平均黏结强度的增大速率变小，最终试件完全丧失承载力。对拉试件 ZM-d28-15 两端的 GFRP 抗浮锚杆与混凝土平均黏结强度-滑移关系曲线变化规律有所不同，同样是由于试件两端的外锚固极限承载力不同，滑移量较大的一端拔出破坏。对于不同的外锚固长度，平均黏结强度-滑移曲线变化规律相似。

从图 3-16（b）可以看出，在相同的外锚固长度下，对拉试件两端的 GFRP 抗浮锚杆与混凝土平均黏结强度-滑移关系曲线的变化规律相似，从开始出现滑移直至试件滑移破坏，试件 LM-d28-15 的平均黏结强度高于试件 LM-d28-30。在每级对拉荷载作用下，GFRP 抗浮锚杆与混凝土的平均黏结强度随着试件两端的滑移量的增加而提高，随着荷载的不断增加，试件两端滑移量逐渐增加，平均黏结强度的增大速率变小，最终 GFRP 抗浮锚杆与混凝土的黏结强度丧失，杆体被拔出。

由图 3-16 还可以看出，GFRP 抗浮锚杆与混凝土的平均黏结强度-滑移曲线主要有以下 4 个阶段。

1）微滑移阶段。平均黏结强度-滑移曲线在 GFRP 锚杆受荷载初期表现为平均黏结力增加幅度大，而滑移增加甚微。此时，黏结力主要由 GFRP 抗浮锚杆与混凝土之间的胶着力承担。

2）线性滑移阶段。平均黏结强度-滑移曲线的斜率随荷载增加比前一阶段的斜率有所降低，平均黏结强度-滑移曲线呈线性关系。此时，摩阻力和 GFRP 肋与混凝土的机械咬合力是黏结力的主要组成部分。

3）非线性滑移阶段。进入该阶段后，滑移增长速率随着荷载的增加进一步加快，平均黏结强度-滑移曲线开始呈现非线性变化，当黏结力接近最大值时，曲线表现为近水平发展趋势，滑移量急剧增加。GFRP 筋的黏结力在该阶段主要由其肋与混凝土的机械咬合力提供。

4）黏结破坏阶段。当黏结力达到并超过最大值后，荷载迅速减小而滑移量骤增，对拉试件发生劈裂或拔出破坏，平均黏结强度-滑移曲线一般呈线性下降。王勃等（2009）、郝庆多等（2008）的试验表明，拉拔试件发生脆性劈裂破坏时，曲线的下降段接近横轴，试件丧失承载能力。由于本试验受到对拉试件的约束，该阶段曲线变化不明显。

第 4 章　GFRP 抗浮锚杆长效性能试验研究

4.1　引　　言

蠕变是指在应力不变的条件下，固体材料的应变随时间缓慢增长，并同时伴随强度损失的现象。GFRP 锚杆作为一种新型锚杆，可以替代钢筋解决抗浮工程中的耐久性问题，特别适合那些地层坚硬又不容许使用金属锚杆的工程，如岩石地基上的地铁车站工程。目前，关于 GFRP 筋材料属性的研究已取得较完善的成果，但 GFRP 抗浮锚杆在长期荷载作用下的研究成果较少，而抗浮锚杆作为长期使用的构件，不允许发生过大的蠕变（徐变），因此开展 GFRP 抗浮锚杆蠕变特性、蠕变模型及其能否满足相应的工程要求等方面的研究显得尤为重要。

本章通过 2 组（不同锚固长度）共 4 根ϕ25mm 全螺纹全长黏结 GFRP 抗浮锚杆在长期荷载作用下拉拔蠕变试验，研究 GFRP 抗浮锚杆的蠕变规律，建立 GFRP 抗浮锚杆抗拔蠕变力学模型并对其正确性进行验证，最后通过引入时间损伤效应的概念，结合建立的蠕变模型推导 GFRP 抗浮锚杆的损伤变量随时间的变化规律，得到 GFRP 锚杆抗拔承载力随时间的变化规律，并进一步导出 GFRP 锚杆的长期抗拔力。结果表明，GFRP 锚杆的极限抗拔承载力随时间的延续而降低，GFRP 锚杆的长期抗拔承载力与试验结果吻合较好，研究结果能够为实际工程中 GFRP 锚杆用于抗浮结构设计计算提供理论依据。

4.2　国内外研究成果汇总

GFRP 抗浮锚杆作为长期使用的构件，在长期荷载作用下的性能也是其必须面对的问题。因此，有关 GFRP 筋或锚杆的蠕变性能已有国内外学者作了一些研究。

Menges 等（1972）描述了 GFRP 蠕变计算模型，并分别对不同时间、不同温度及自然风化条件下 GFRP 的蠕变特性进行了系统研究。

沈叔曾（1982）对玻璃钢（现称为玻璃纤维增强聚合物）蠕变性能的研究发现，玻璃钢自身的黏弹性是影响其蠕变的根本原因，而且玻璃钢在常温条件下也会发生较大的蠕变，特别是受压构件，由于蠕变产生变形量的积累，会使结构丧失稳定性。

周祝林等（1985）发现纤维增强聚合物材料的蠕变性能与组成材料的蠕变特性、成型工艺、组成比、应力状态、应力方向等有关。

胡建阳等（1989）认为玻璃钢蠕变和金属蠕变不同，玻璃钢的蠕变除由加载时间、温度决定外，还由玻璃纤维增强方向的夹角大小决定。

Katsuki 等（1995）研究 GFRP 筋的蠕变和松弛特征表明，GFRP 筋的蠕变变形是钢筋的 2 倍，GFRP 筋的蠕变性容易导致加固结构的应力松弛。

Tannous 等（1999）发现应力水平较低时，GFRP 筋的抗蠕变性能较好，而 Uomoto 等（1999）发现持续应力水平达到 GFRP 筋极限强度的 80%时，GFRP 筋的蠕变变形较大。

Dutta 等（2000）研究了不同温度、不同持续荷载作用下 GFRP 筋的蠕变性能，分析了温度和时间的叠加效应对 GFRP 筋的影响。

许宏发等（2002）通过砂浆锚杆的蠕变试验推断出粉质黏土层中砂浆锚杆的长期抗拔力约为瞬时极限抗拔力的 67%，并指出锚杆存在拉拔损伤效应。

李国维等（2007）在室内模型试验时发现，荷载水平较低时 GFRP 锚杆未出现蠕变，当荷载水平升至极限荷载的 77%时会出现蠕变。但李国维等（2010）对公路边坡 GFRP 锚杆的现场观测表明，在长期荷载作用下没有发现持续的蠕变变形。

王钊等（2007a）采用 3 种不同的拉伸荷载（分别为锚杆抗拉强度的 10%、20%和 40%）对玻璃钢螺旋锚进行历时 4 个月的蠕变试验发现，除加载初期的瞬时变形外，没有观测到螺旋锚的蠕变应变，表明玻璃钢螺旋锚的蠕变性能优良。

周长东等（2008）通过 72 根 GFRP 筋在不同应力状态、不同温度下的蠕变性能试验发现，在单因素作用下，GFRP 筋的应变随着时间的增长有不同程度的增大；在荷载恒定的条件下，GFRP 筋的蠕变量随温度的升高而增大。

Fornusek 等（2009）在试验基础上建立了 GFRP 筋的黏性模型，通过对模型参数求解及验证，揭示了 GFRP 筋在长期荷载作用下的蠕变规律。

Robert 等（2010）通过模型试验，研究 GFRP 筋在不同荷载水平下的长期承载特性，指出在荷载水平为极限荷载的 60%时仅对试件产生轻微影响，荷载水平为极限荷载的 80%时对试件有显著影响。

Youssef 等（2011）对 GFRP 筋进行了长达 417d（10 000h）的蠕变试验，发现直径较大且纤维含量较低的 GFRP 筋比直径较小且纤维含量较高的 GFRP 筋有更高的蠕变变形。

孙奇（2012）以室内长期加载试验为基础，探讨了 GFRP 锚杆黏结强度的变化规律，采用非线性拟合的方法研究单因素条件下锚杆蠕变规律，发现 GFRP 锚杆在长期荷载作用下蠕变性能优良，黏结性能退化不显著。

Li 等（2013a、b、c）通过室内模型试验提出了常温常压无侵蚀条件下的 GFRP 锚杆单构件的应力松弛模型和 GFRP 筋与混凝土黏结状态随时间的退化规律。

白晓宇等（2015）通过全长黏结螺纹玻璃纤维增强聚合物抗浮锚杆在长期荷载作用下的拉拔蠕变试验，研究了 GFRP 抗浮锚杆抗拔的蠕变力学模型，计算出模型中的蠕变参数并对模型的正确性进行验证。另外，引入时间损伤效应的概念，结合蠕变力学模型推导出 GFRP 抗浮锚杆的长期抗拔力。

白晓宇等（2020b）为深入探究在长期应力作用下大直径 GFRP 抗浮锚杆的力学性能变化，通过施加长期荷载对 GFRP 抗浮锚杆进行了室内足尺试验。结果表明：试验锚杆在 38%～45%破坏荷载的作用下才发生蠕变。

4.3 试验方案及过程

4.3.1 试验材料及仪器

1. GFRP 锚杆

本章试验所采用的 GFRP 抗浮锚杆为南京某公司生产的ϕ25mm 全螺纹 GFRP 实心筋材（图 4-1），与内锚固及外锚固试验用 GFRP 锚杆为同一生产厂家，采用拉挤、螺纹缠绕、高温固化一次成型。其中玻璃纤维含量约为 75%，环氧树脂含量约为 25%。GFRP 抗浮锚杆力学参数见表 4-1。

图 4-1　GFRP 抗浮锚杆实物图

表 4-1　GFRP 抗浮锚杆力学参数

锚杆型号	极限荷载/kN	抗拉强度/MPa	抗剪强度/MPa	弹性模量/GPa
YF-H50-25	342	675	150	51

2. 基体材料

试验采用强度等级为 C30 的商品混凝土浇筑成的块体（尺寸分别为 1000mm×1000mm×800mm 和 1000mm×1000mm×1600mm）来模拟基岩。在试验室支模，垂直浇筑混凝土，用振捣棒振捣密实，不脱模养护，由于气温较低，养护过程中基体表面覆盖保温膜，28d 后拆模，如图 4-2 所示。同批试件还浇筑了 3 组共 9 个 100mm×100mm×100mm 立方体试件，相同条件下进行养护，28d 后混凝土的立方体抗压强度为 28.9MPa。

图 4-2　混凝土块体制作示意图

3. 锚固用砂浆

本试验所用水泥为山东某公司生产的 P.O 42.5 普通硅酸盐水泥，水采用洁净的自来水，砂为无杂质且级配良好的中砂。砂浆的设计强度为 M30，其中水、水泥、砂的质量比为 0.45∶1∶1，将所配砂浆浇筑成 6 个 70.7mm×70.7mm×70.7mm 的立方体试块，与试验锚杆同条件养护，立方体试块 7d 后的抗压强度为 31.2MPa，28d 后抗压强度为 35.6MPa。

4. 试验仪器

试验仪器及设备包括：特制 H 形截面钢支墩，截面尺寸为 700mm×200mm×300mm 的箱型反力梁（梁中间预留孔洞），行程为 20cm 的手动式油压穿心千斤顶（型号为 KQF-60t），山东科技大学生产的 MGH-500 锚索测力计及 GSJ-2A 型检测仪，锚杆位移采用百分表进行测读（精度为 0.01mm，量程为 30mm），另外还有磁性表架、钢垫板、钢套管、锚杆专用夹具、环氧树脂和固化剂混合液等。

4.3.2 试验方案

本次进行不同锚固长度的 GFRP 抗浮锚杆在长期荷载作用下的足尺拉拔试验，试验锚杆参数见表 4-2。为了便于比较，2 根不同锚固长度的 GFRP 锚杆蠕变试验同时进行，先进行 G25-01 和 G25-03，再进行 G25-02 和 G25-04。试验锚杆总数为 4 根，锚固长度分别为 1300mm 和 550mm。

表 4-2 抗浮锚杆试验参数

锚杆编号	锚杆直径/mm	锚杆总长/mm	锚固长度/mm	基体尺寸
G25-01	25	2500	1300	1000mm×1000mm×1600mm
G25-02	25	2500	1300	1000mm×1000mm×1600mm
G25-03	25	2000	550	1000mm×1000mm×800mm
G25-04	25	2000	550	1000mm×1000mm×800mm

混凝土块体养护 28d 后，采用潜孔钻机钻孔模拟锚杆的实际施工条件（图 4-3）。钻孔直径均为 110mm，钻孔深度超过锚杆有效长度约 500mm，施工过程中全程取芯。在钻孔过程中应使试验锚杆具有足够间距，避免锚杆间距不足而影响试验结果，GFRP 锚杆的孔位布置如图 4-4 所示。将试验锚杆绑扎托架后，人工送入孔内，并采用普通注浆方式，注入 M30 水泥砂浆，养护 28d 后对 GFRP 锚杆进行拉拔，测定其蠕变位移。

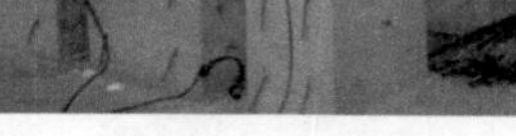

（a）定位　　　　（b）钻机就位

（c）潜孔钻机成孔　　　　（d）成孔后

图 4-3　钻孔照片

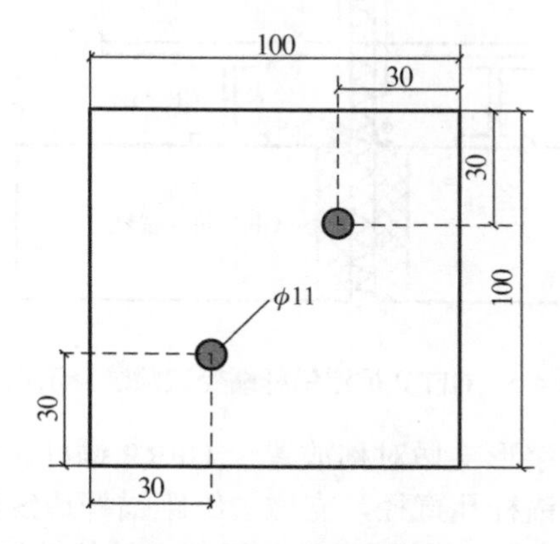

图 4-4　GFRP 锚杆的孔位布置示意图（尺寸单位：cm）

GFRP 筋属于正交各向异性材料，抗拉强度高，但抗剪强度较差，原因在于其基体材料具有脆性。GFRP 锚杆表面的剪力是由基体材料传递的，难以发挥其抗拉性能高的特点，这给 GFRP 锚杆加载端的锚固造成了很大困难，可见不能采用普通的夹片式锚具锚固。因此，可采用加载端粘贴钢套管的方式对 GFRP 锚杆进行保护。试验开始前，在锚杆加载端粘贴钢套管（内径为 45mm，壁厚为 5mm），钢套管的长度根据锚杆加载端长度确定，确保钢管套的下端与混凝土基体表面的距离不少于 5cm（此空间用于安装百分表）。GFRP 锚杆与钢套筒之间采用环氧树脂与固化剂的糊状混合液填充，使两者紧密黏结在一起，拉拔时 GFRP 锚杆夹具采用焊接方式固定在钢套筒外侧，防止试验过程中加载端锚杆产生材料破坏。

GFRP 锚杆蠕变试验吸取 GFRP 锚杆拉拔试验经验，采用油压穿心千斤顶对 GFRP 锚杆施加竖直向上的轴向拉拔力，在试验过程中，有效避免了荷载偏心对锚杆产生的不利影响，同时还简化了试验装置，GFRP 抗浮锚杆蠕变试验加载装置示意图如图 4-5 所示。

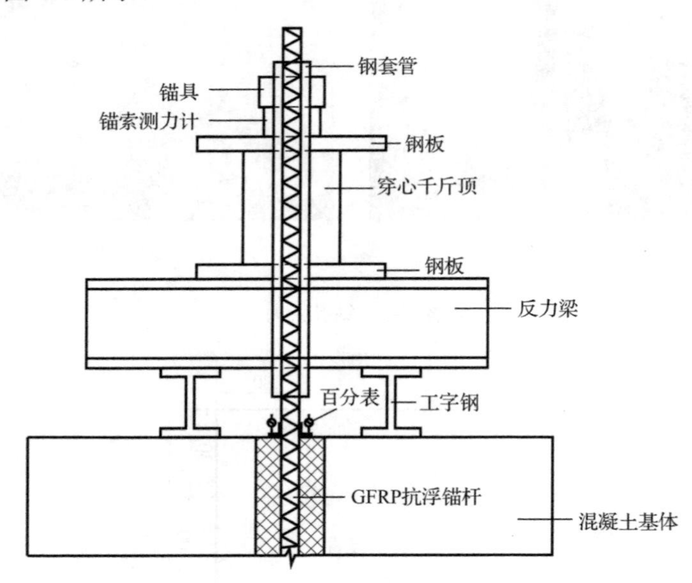

图 4-5 GFRP 抗浮锚杆蠕变试验装置示意图

加载装置中 2 根工字形支墩对称放置于 GFRP 锚杆两侧，其中，支墩与锚杆间隔一定距离（宜大于锚杆孔直径，支墩边缘距锚杆边缘约为 15cm），使锚杆位于 2 根支墩的中心。在 GFRP 抗浮锚杆与混凝土基体接触面位置两侧分别安装 1 个百分表，直接测定 GFRP 抗浮锚杆的蠕变位移，而百分表的磁力表架固定于粘贴在混凝土基体的铁块上。

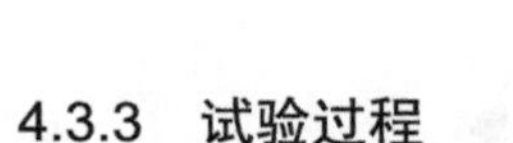

4.3.3　试验过程

本章试验为长期载荷试验，整个加载过程采用分级加载法，4 根 GFRP 锚杆每级施加的荷载为 30kN，即按 0→30kN→60kN→90kN→120kN→150kN→180kN→…进行加载，直至锚杆破坏。试验过程中，每级荷载所维持的时间为 20d，拉拔力的大小通过连接在锚索测力计的读数仪显示。在 GFRP 锚杆拉拔过程中穿心千斤顶可能出现泄压现象，所以在加载过程中时刻关注 GSJ-2A 型读数仪上的读数，值守人员及时补压，维持每级荷载恒定。每级荷载施加完毕后，应立即读取位移量，以后每间隔 5min 读取一次，直至百分表读数稳定。当百分表读数稳定后，前 3d 的 8：00～24：00 每隔 4h 记录一次读数（每天记录 5 次数据），以后每天记录 1 次数据，直到每级荷载达到 20d，再施加下一级荷载。本次蠕变试验为大直径 GFRP 锚杆足尺拉拔试验，试验条件与锚杆的实际施工条件相同，根据《建筑基坑支护技术规程》（JGJ 120—2012）的判定标准，锚杆试验过程中遇下列情况之一时，应终止继续加载：①从第二级加载开始，后一级荷载产生的单位荷载下的锚头位移增量大于前一级荷载产生的单位荷载下的锚杆位移增量的 5 倍；②锚头位移不收敛；③锚杆杆体破坏。

具体的试验过程及现场照片如图 4-6 所示。

（a）安装锚杆、灌浆并密实

（b）养护

图 4-6　试验过程及现场照片

（c）粘贴钢套管

（d）安装加载装置

（e）焊接锚具

（f）仪器仪表安装

（g）试验加载

图 4-6（续）

4.3.4 试验结果与分析

1. 锚杆破坏形式及特征分析

4 根 GFRP 锚杆最终破坏形式见表 4-3。

表 4-3　GFRP 锚杆破坏形式

锚杆编号	锚固长度/mm	最大加载量/kN	滑移量/mm	破坏形式
G25-01	1300	266	11.30	杆体拔出，锚固体开裂
G25-02	1300	231	7.65	
G25-03	550	192	5.19	
G25-04	550	220	6.98	

从表 4-3 可以看出，4 根 GFRP 抗浮锚杆的破坏形式均为杆体拔出，锚固体开裂，即锚杆与砂浆界面剪切破坏，此时破坏点发生在混凝土块体表面以下最大剪应力处，并伴随螺纹肋的破坏。螺纹的存在，在增加黏结力的同时，也加大了表面局部剪应力，对于抗剪强度较差的 GFRP 材料，可能导致局部劣化从而引起杆体破坏。在试验过程中，除锚杆-注浆体界面剪切破坏外没有出现其他破坏形式，此次蠕变试验与拉拔试验一致，表明 GFRP 锚杆自身的强度并未完全发挥。

从承载力方面来看，对于锚杆 G25-01 和锚杆 G25-02，锚固长度均为 1300mm，两者的极限抗拔承载力平均值为 248.5kN。对于锚杆 G25-03 和锚杆 G25-04，锚固长度均为 550mm，两者的极限抗拔承载力平均值为 206kN。可以看出，GFRP 抗浮锚杆的极限抗拔承载力随锚固长度的增加而增大，但增幅不大。

2. GFRP 抗浮锚杆蠕变特征及分析

蠕变是固体材料在长期固定荷载作用下，材料变形随时间增长的现象。根据穆霞英（1990）研究表明，材料的蠕变现象一般存在 3 个阶段，即初始蠕变阶段、稳态蠕变阶段和加速蠕变阶段。初始蠕变阶段中，随着时间的增加，GFRP 锚杆的蠕变速率逐渐减小，紧接着进入稳态蠕变阶段，在本阶段中，GFRP 锚杆的蠕变速率保持恒定，随着时间的增长，GFRP 锚杆进入到加速蠕变阶段，本阶段蠕变速率随时间不断增大，直至锚杆破坏。不同荷载作用下 4 根 GFRP 抗浮锚杆蠕变试验位移-时间曲线如图 4-7 所示。

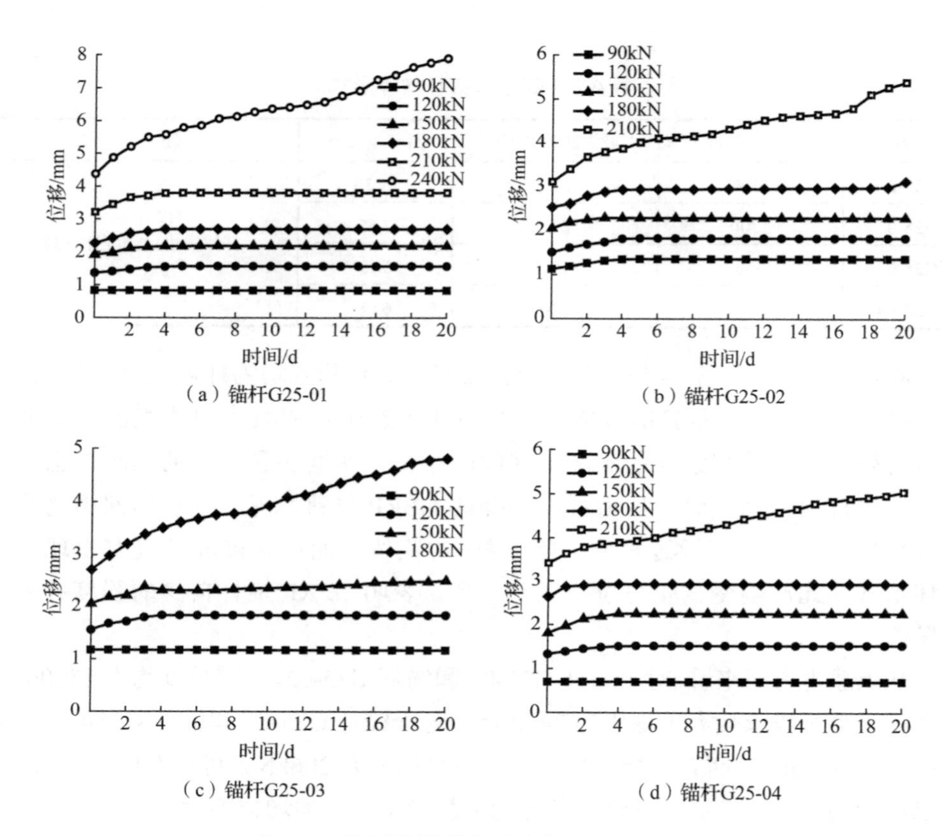

（a）锚杆G25-01

（b）锚杆G25-02

（c）锚杆G25-03

（d）锚杆G25-04

图 4-7 抗浮锚杆蠕变试验位移-时间曲线

从图 4-7 可以看出，锚杆 G25-01 在荷载等级为 90kN 时，其位移-时间曲线基本呈水平直线，表明在本荷载水平下，GFRP 锚杆没有发生蠕变。当荷载水平增加至 120～210kN 时，GFRP 锚杆产生了蠕变现象，其位移-时间曲线出现微小的上升，随后曲线基本保持稳定，蠕变速率基本为 0，即为初始蠕变阶段。当荷载水平增至 240kN 时，位移-时间曲线呈连续上升趋势，蠕变现象明显，这是因为施加给锚杆 G25-01 的拉拔荷载接近其极限抗拔承载力。锚杆 G25-02 在荷载水平为 90～180kN 时，GFRP 锚杆的初始蠕变阶段较明显，当荷载水平增大至 210kN 时，GFRP 锚杆的初始蠕变阶段、稳态蠕变阶段和加速蠕变阶段均表现出来，直至锚杆破坏。锚杆 G25-03、G25-04 的曲线形态与锚杆 G25-01 类似。

从图 4-7 还可得出如下规律。

1）GFRP 抗浮锚杆在低荷载水平下的蠕变曲线只出现初始蠕变阶段。初始蠕

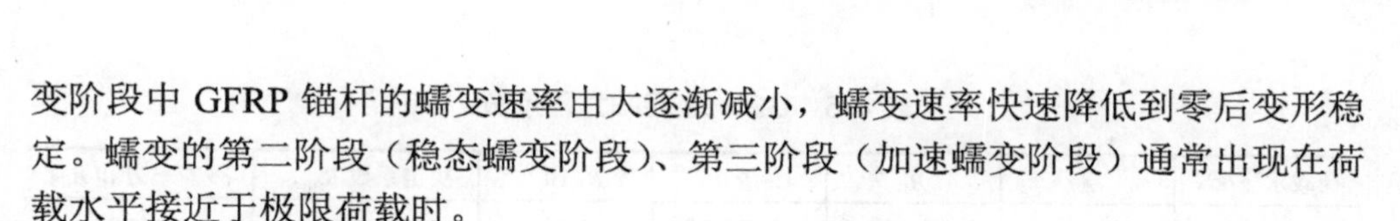

变阶段中 GFRP 锚杆的蠕变速率由大逐渐减小，蠕变速率快速降低到零后变形稳定。蠕变的第二阶段（稳态蠕变阶段）、第三阶段（加速蠕变阶段）通常出现在荷载水平接近于极限荷载时。

2）本次试验条件下，GFRP 抗浮锚杆在 40%的极限荷载下才发生蠕变现象。试件 G25-01～G25-04 中 GFRP 锚杆发生蠕变现象的荷载水平分别是极限拉拔承载力的 45.1%、39.0%、46.8%和 40.9%，4 个值均接近 40%。

3）锚固段长度不同的 GFRP 抗浮锚杆，其蠕变特征没有本质区别，位移-时间曲线形态基本相同，说明达到一定荷载水平，GFRP 锚杆都会产生蠕变，蠕变是 GFRP 锚杆的固有属性。

4）在实际工程中，采用与本次试验相同条件 GFRP 抗浮锚杆，当其工作荷载低于其极限荷载的 40%时，其蠕变性能优良。

4.4　GFRP 抗浮锚杆蠕变力学模型

4.4.1　GFRP 抗浮锚杆位移-时间曲线拟合

通过 GFRP 抗浮锚杆的蠕变试验已经得出 4 组 GFRP 锚杆的蠕变曲线（位移-时间曲线），对 GFRP 锚杆的位移-时间曲线分析研究发现，位移和时间存在着一定的关联。因此，本节拟通过线性回归分析来探究 GFRP 锚杆的位移和时间之间的相互关系，为后面求解 GFRP 抗浮锚杆蠕变本构模型各参数提供数据支持。对位移-时间曲线进行多项式线性回归分析，拟用多项式函数为 $y = A + B_1x + B_2x^2 + \cdots + B_kx^k$，回归分析的结果得出 A、B_1、B_2、B_3 的值，并给出校正决定系数（R_{square}）、残差平方和（R_{SS}）。锚杆 G25-01、G25-02、G25-03 及 G25-04 的蠕变试验数据的回归方程系数见表 4-4～表 4-7。

表 4-4　G25-01 回归方程系数

荷载水平/kN	A	B_1	B_2	$B_3/10^{-4}$	决定系数 R_{square}	残差平方和 R_{SS}
120	1.370 45	0.058 78	−0.005 10	1.348 15	0.948 68	0.002 98
150	1.937 86	0.074 94	−0.006 70	1.809 09	0.886 38	0.010 22
180	2.321 26	0.114 99	−0.010 32	2.791 26	0.906 94	0.019 07
210	3.310 39	0.154 09	−0.013 91	3.776 51	0.888 15	0.041 08
240	4.510 84	0.350 98	−0.024 43	7.867 77	0.990 30	0.147 75

表 4-5 G25-02 回归方程系数

荷载水平/kN	A	B_1	B_2	$B_3/10^{-4}$	决定系数 R_{square}	残差平方和 R_{SS}
90	1.146 18	0.064 36	−0.005 65	1.508 60	0.936 77	0.004 25
120	1.534 70	0.087 28	−0.007 58	2.008 80	0.948 25	0.006 58
150	2.114 12	0.058 96	−0.005 51	1.527 86	0.780 81	0.011 61
180	2.437 12	0.166 58	−0.015 79	4.564 14	0.902 77	0.042 52
210	3.176 56	0.240 58	−0.018 49	6.027 09	0.987 21	0.072 94

表 4-6 G25-03 回归方程系数

荷载水平/kN	A	B_1	B_2	$B_3/10^{-4}$	决定系数 R_{square}	残差平方和 R_{SS}
120	1.588 46	0.074 42	−0.006 63	1.785 21	0.913 77	0.007 54
150	2.103 91	0.058 81	−0.004 59	1.339 67	0.934 55	0.012 76
180	2.811 81	0.191 26	−0.009 86	2.768 72	0.986 94	0.079 79

表 4-7 G25-04 回归方程系数

荷载水平/kN	A	B_1	B_2	$B_3/10^{-4}$	决定系数 R_{square}	残差平方和 R_{SS}
120	1.350 24	0.051 70	−0.004 58	1.226 99	0.929 53	0.003 00
150	1.875 47	0.117 94	−0.010 64	2.889 30	0.894 86	0.022 47
210	2.732 63	0.064 22	−0.006 07	1.697 95	0.657 47	0.023 72

4.4.2 蠕变本构方程

Maxwell 模型（松弛模型）是由一个弹性元件（胡克体）和一个黏性元件（牛顿体）串联组成；Kelvin 模型（延迟弹性模型）是由一个弹性元件和一个黏性元件并联组成。Burgers 模型结合了 Maxwell 模型和 Kelvin 模型的优点，能够更好地表征复杂的黏弹性材料的蠕变特性。本章试验中，GFRP 抗浮锚杆的蠕变力学模型拟选用 Burgers 模型。Burgers 模型为一个四元件模型，由一个完整的 Maxwell 模型和一个完整的 Kelvin 模型串联组成，如图 4-8 所示。

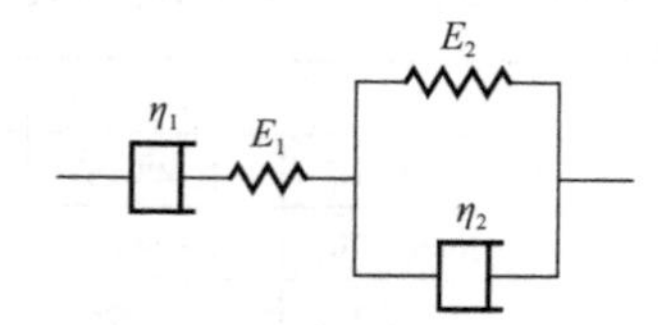

E_1 —次蠕变弹性模量； E_2 —主蠕变弹性模量； η_1 —次蠕变阻尼； η_2 —主蠕变阻尼。

图 4-8 Burgers 模型

根据 Burgers 模型的组成特性，其方程为

$$F + p_1\dot{F} + p_2\ddot{F} = q_1\dot{F} + q_2\ddot{F} \tag{4-1}$$

令式（4-1）中 $p_1 = \dfrac{\eta_1 E_1 + \eta_1 E_2 + \eta_2 E_1}{E_1 E_2}$，$p_2 = \dfrac{\eta_1\eta_2}{E_1 E_2}$，$q_1 = \eta_1$，$q_2 = \dfrac{\eta_1\eta_2}{E_2}$。当 $t=0$ 时，式（4-1）各阶导数均为 0，并对式（4-1）进行拉普拉斯变换，得出 Burgers 模型的本构方程为

$$u = F\left\{\frac{1}{E_1} + \frac{t}{\eta_1} + \frac{1}{E_2}\left[1 - \exp\left(-\frac{E_2}{\eta_2}t\right)\right]\right\} \tag{4-2}$$

式中：u 为 GFRP 抗浮锚杆的蠕变位移；F 为恒定不变的轴向拉拔力。

4.4.3 蠕变本构方程参数求解

蠕变本构方程可利用蠕变力学模型推导求得，方程中的参数具有明确的物理意义，但参数的具体数值通常不容易确定。通过蠕变模型推导出本构方程与回归分析方程之间的间接联系，将两者联立成方程组，从而求解出蠕变本构方程中复杂的力学参数，进一步研究材料的蠕变规律。总之，蠕变参数的确定采用了两步的方式，先采用多项式拟合蠕变试验曲线，然后将 Burgers 模型的本构方程通过泰勒级数展开成多项式，比较两者的多项式系数，即可得到相应的蠕变参数。本章根据许宏发等（1994）求解力学参数的方法，令 $K = 1/E_1$，$L = 1/\eta_1$，$M = 1/E_2$，$N = E_2/\eta_2$，则 GFRP 抗浮锚杆的蠕变本构方程可简化为

$$u = F\{K + Lt + M[1 - \exp(-Nt)]\} \tag{4-3}$$

因为有

$$\mathrm{e}^x = 1 + x + \frac{x^2}{2!} + \frac{x^3}{3!} + \cdots + \frac{x^n}{n!} \tag{4-4}$$

则有（多项式级数取 3）

$$\mathrm{e}^{-Nt} = 1 - Nt + \frac{N^2t^2}{2!} - \frac{N^3t^3}{3!} \tag{4-5}$$

将式（4-3）展开为级数形式，即

$$u = FK + F(L + MN)t - \frac{FMN^2}{2}t^2 + \frac{FMN^3}{6}t^3 \tag{4-6}$$

以蠕变试验中抗浮锚杆 G25-01 为例，当 $F = 120\text{kN}$ 时，利用得到的多项式回归方程来求解蠕变本构方程中各蠕变参数。由表 4-4 可知，当 $F = 120\text{kN}$ 时，锚杆 G25-01 的多项式回归方程为

$$y = 1.37045 + 0.05878x - 0.0051x^2 + 1.34815\times10^{-4}x^3 \tag{4-7}$$

此时$u \approx y$，联立式（4-6）、式（4-7），则有

$$\begin{cases} FK = 1.37045 \\ F(L+MN) = 0.05878 \\ \dfrac{FMN^2}{2} = 0.0051 \\ \dfrac{FMN^3}{6} = 1.34815\times10^{-4} \end{cases} \tag{4-8}$$

对式（4-8）求解得到$K = 1/87.562$，$L = -5.833\times10^{-4}$，$M = 1/73.902$，$N = 7.930\times10^{-2}$。相关物理参数值为$E_1 = 87.562$，$E_2 = 73.902$，$\eta_1 = -1714.384$，$\eta_2 = 931.929$。

根据上述求解方法，抗浮锚杆G25-01、G25-02、G25-03及G25-04蠕变本构模型中各力学参数如表4-8～表4-11所示。从表4-8～表4-11可以看出：

1）当轴向拉拔力逐渐增大时，Burgers模型中的各力学参数E_1、E_2、η_1、η_2均逐渐减小。这是由于在蠕变试验过程中，随着轴向拉拔力的增大，GFRP抗浮锚杆的蠕变行为使杆体材料产生了微观损伤。

2）力学参数E_2与η_2的比值即相关系数N均相近，表4-8～表4-11中N的平均值分别为8.3902×10^{-2}、8.5458×10^{-2}、8.4193×10^{-2}和8.1920×10^{-2}，表明GFRP抗浮锚杆在蠕变过程中力学元件E_2和η_2的损伤程度基本同步。

3）轴向拉拔力最小时，Burgers模型中的各力学参数最大，随着轴向拉拔力的增加，模型中各参数均呈减小趋势，这是由于锚杆轴向变形引起的损伤所致。

图4-7（a）～（d）显示，锚杆G25-01～G25-04在轴向拉拔力小于120kN、90kN、120kN和120kN时，GFRP锚杆未产生蠕变现象，结合以上分析可预估GFRP抗浮锚杆G25-01～G25-04的长期抗拔承载力分别约为120kN、90kN、120kN和120kN。

表4-8　锚杆G25-01蠕变本构模型力学参数

荷载/kN	位移/mm	E_1/(kN/mm)	E_2/(kN/mm)	η_1/(kN·d/mm)	η_2/(kN·d/mm)	$N/10^{-2}$
120	1.54	87.562	73.902	−1714.384	931.929	7.930
150	2.15	77.405	73.451	−1657.825	906.758	8.100
180	2.65	77.533	57.418	−1291.322	707.630	8.114
210	3.74	63.437	50.078	−1460.707	614.831	8.145
240	6.33	53.205	45.856	−2295.684	474.602	9.662

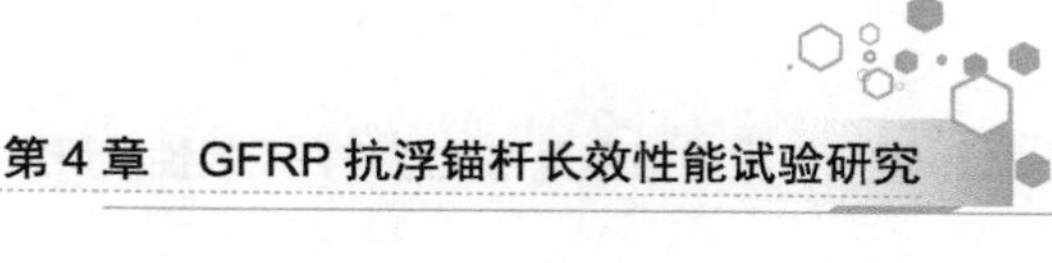

表 4-9 锚杆 G25-02 蠕变本构模型力学参数

荷载/kN	位移/mm	E_1/(kN/mm)	E_2/(kN/mm)	η_1/(kN·d/mm)	η_2/(kN·d/mm)	$N/10^{-2}$
90	1.33	78.522	51.101	−1173.158	637.965	8.010
120	1.80	78.191	50.028	−1160.227	629.283	7.950
150	2.27	70.952	94.200	−2040.816	1132.348	8.319
180	2.91	73.858	42.855	−910.664	494.234	8.671
210	4.32	66.109	54.305	−1526.485	555.323	9.779

表 4-10 锚杆 G25-03 蠕变本构模型力学参数

荷载/kN	位移/mm	E_1/(kN/mm)	E_2/(kN/mm)	η_1/(kN·d/mm)	η_2/(kN·d/mm)	$N/10^{-2}$
120	1.80	75.545	59.053	−1337.435	731.034	8.078
150	2.35	71.296	125.273	−3259.452	1430.710	8.756
180	3.96	64.016	64.774	−4203.447	768.922	8.424

表 4-11 锚杆 G25-04 蠕变本构模型力学参数

荷载/kN	位移/mm	E_1/(kN/mm)	E_2/(kN/mm)	η_1/(kN·d/mm)	η_2/(kN·d/mm)	$N/10^{-2}$
120	1.50	88.873	84.62	−1926.782	1052.88	8.037
150	2.21	79.980	46.786	−1088.732	574.273	8.147
180	2.90	76.849	121.824	−2610.285	1451.668	8.392

4.4.4 模型验证

为验证 Burgers 模型的合理性，以锚杆 G25-01、G25-02 和 G25-03 为例，将获得的 GFRP 抗浮锚杆的模型力学参数（表 4-8～表 4-10）代入式（4-2），利用该模型给出不同荷载水平下的蠕变变形曲线，并与 GFRP 锚杆试验结果进行对比。图 4-9 为 Burgers 模型预测和试验获得的 GFRP 抗浮锚杆的蠕变曲线，同时还给出了试验结果的拟合曲线。从图 4-9 可以看出，Burgers 模型预测曲线与试验曲线吻合较好，特别是初始蠕变阶段，可以反映 GFRP 抗浮锚杆在不同荷载水平下各阶段的蠕变变形过程。

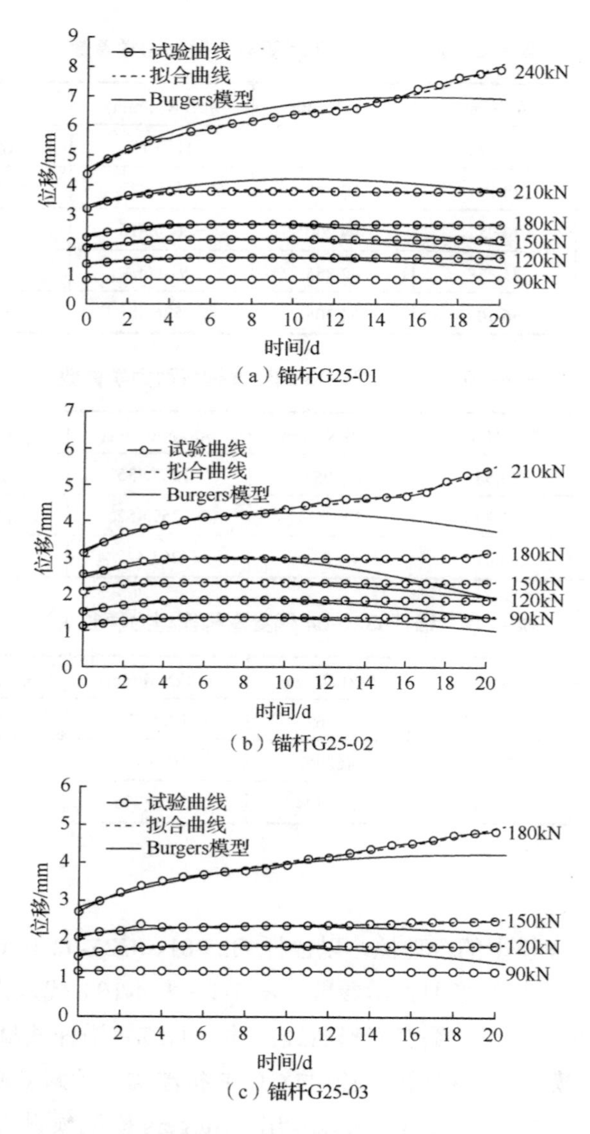

图 4-9　模型预测与试验结果对比

4.5　GFRP 抗浮锚杆的长期抗拔力

GFRP 抗浮锚杆在长期拉拔荷载作用下除了存在微观损伤效应外，即变形损伤效应，同时也存在着时间损伤效应。本书不考虑变形损伤，时间损伤效应就是当变形损伤效应较小时，即 GFRP 抗浮锚杆在较小的拉拔力作用下产生的蠕变变形较小，此时 GFRP 锚杆以时间损伤效应为主。通常用损伤变量来描述时间损伤效应的程度，损伤变量为

$$\omega(t)=1-\frac{P(t)}{P(0)} \tag{4-9}$$

式中：$\omega(t)$ 为 GFRP 锚杆的损伤变量；$P(t)$为 t 时 GFRP 锚杆的变形刚度；$P(0)$为 $t=0$ 时 GFRP 锚杆的变形刚度。

t 时 GFRP 锚杆的变形刚度 $P(t)$由式（4-3）可得

$$P(t)=\frac{1}{K+Lt+M[1-\exp(-Nt)]} \tag{4-10}$$

即当 $t=0$ 时，有

$$P(0)=\frac{1}{K} \tag{4-11}$$

将式（4-10）、式（4-11）代入式（4-9），则 GFRP 锚杆的蠕变损伤变量可写为

$$\omega(t)=1-\frac{K}{K+Lt+M[1-\exp(-Nt)]} \tag{4-12}$$

建立式（4-12）蠕变损伤演化方程之后，可利用损伤力学的方法进行 GFRP 抗浮锚杆拉拔分析。由于蠕变损伤主要发生在拉拔力小于长期拉拔力的情况，此时变形损伤不明显。由表 4-4～表 4-7 可知，η_1 的绝对值均比较大，其倒数趋近于 0，即

$$L=\frac{1}{\eta_1}\approx 0 \tag{4-13}$$

损伤变量可继续简化为

$$\omega(t)=1-\frac{K}{K+M[1-\exp(-Nt)]} \tag{4-14}$$

当 t 趋于无穷大时，即 GFRP 抗浮锚杆长期蠕变损伤的变量为

$$\omega_\infty = \frac{M}{K+M} = \frac{E_1}{E_1+E_2} \tag{4-15}$$

GFRP 抗浮锚杆的长期抗拔承载力为

$$F_\infty = (1-\omega_\infty)F_0 \tag{4-16}$$

式中：F_∞为 GFRP 抗浮锚杆的长期抗拔力；F_0为 GFRP 抗浮锚杆的极限抗拔承载力。

GFRP 抗浮锚杆 G25-01～G25-04 长期蠕变损伤的变量分别按拉拔力为 120kN、90kN、120kN、120kN 时各力学模型参数代入式（4-15），得到锚杆的长期蠕变损伤量分别为 0.542、0.606、0.561 和 0.512。将表 4-3 中 GFRP 抗浮锚杆的极限抗拔承载力代入式（4-16），得出 GFRP 抗浮锚杆 G25-01～G25-04 的计算长期抗拔承载力 F_∞（表 4-12）。

表 4-12 GFRP 抗浮锚杆长期抗拔承载力计算值与实测值比较

锚杆编号	最大加载/kN	蠕变损伤变量	计算长期抗拔承载力/kN	实测长期抗拔承载力/kN
G25-01	266	0.542	121.828	120
G25-02	231	0.606	91.014	90
G25-03	192	0.561	84.288	120
G25-04	220	0.512	107.360	120

蠕变试验中 4 根 GFRP 抗浮锚杆 G25-01～G25-04 分别在荷载水平为 120kN、90kN、120kN、120kN 时才产生蠕变现象，通常认为此时的拉拔力为 GFRP 抗浮锚杆的长期抗拔力。由表 4-12 可以看出，计算长期抗拔力与实测长期抗拔力相差不大（除锚杆 G25-03 外，极差在 30%以内），与试验结果基本一致，说明建立的蠕变损伤模型对于 GFRP 抗浮锚杆在长期荷载作用下的蠕变特性分析具有较好的适用性。

第 5 章　GFRP 抗浮锚杆破坏机制及其全变形研究

5.1　引　　言

GFRP 筋具有良好的抗拉性能，由于基体材料具有脆性，使其横向抗挤压、抗剪强度较差，属正交各向异性材料。GFRP 筋的耐久性不但取决于基质和纤维材料的属性，还取决于两种材料的界面黏结强度。通过对 GFRP 抗浮锚杆的内锚固和外锚固试验观测，不难确定其破坏类型。主要破坏形态有：①锚杆拔断。通过仔细观察断点位置发现，有时是假"拔断"，即因为剪应力过大剪坏，由此时破坏点发生在地面以下最大剪应力处。②锚筋拔出。此为第一界面破坏，锚筋与固结体黏结力不足导致，常伴随螺纹肋的削弱。③锚筋连同锚固体拔出。此为第二界面破坏，由锚固体与周围岩土体黏结力不足导致。可见，有时锚杆的破坏点并非出现在轴向拉应力最大的位置，而是在锚杆的锚固段内，因此，将这种破坏形态解释为锚杆抗拉强度不足造成的破坏有些牵强，有必要进一步剖析 GFRP 抗浮锚杆的破坏机制。

在浮力作用下，如果抗浮锚杆的整体变形量过大，将导致基础底板向上变形受损甚至破坏，此方面比其他岩土锚固工程的要求更为严格。所以，在控制承载力的同时，应进行变形控制。特别是 GFRP 抗浮锚杆，材料的弹性模量相对较小，延伸率大于二级钢筋，产生上拔变形的影响因素比金属锚杆更复杂，更有必要深入研究，考虑真实使用条件下 GFRP 抗浮锚杆的变形。

5.2　GFRP 抗浮锚杆破坏机制

5.2.1　杆体拔出破坏

与钢筋锚杆类似，GFRP 锚杆与砂浆（或混凝土）的黏结力主要由 3 部分组成：GFRP 锚杆表面与砂浆中水泥胶凝体的化学胶着力、锚杆与砂浆接触面的摩阻力以及锚杆表面凹凸不平的螺纹与胶凝体的机械咬合力。在 GFRP 抗浮锚杆施加拉拔力的过程中，这 3 种力之间共同作用，相互影响。对于光圆锚杆，其黏结强度在锚杆出现滑移前主要取决于化学胶着力，产生滑移后则取决于摩阻力和锚杆表面的咬合力。对全螺纹 GFRP 抗浮锚杆而言，突起的螺纹改变了锚杆与砂浆之间的相互作用方式，致使作用力的方向与纤维丝的方向产生交叉，在很大程度上改善了两者的黏结作用，虽然化学胶着力和摩阻力仍然存在，但此时两者的界面黏结强度主要由锚杆表面凸起的螺纹与砂浆的机械咬合力提供，如图 5-1 所示。灌浆体的开裂或压碎，可能会引起相对于灌浆的 GFRP 锚杆滑动，这意味着在某一特定荷载作用下存在必需的灌浆覆盖厚度。当 GFRP 锚杆承受拉拔力作用时，反作用力定义为灌浆体内的剪应力。当主拉应力超过灌浆体的抗拉强度时，灌浆体内就会出现裂缝，锚杆表面凹凸越明显，则灌浆体开裂越显著。裂缝产生机理如图 5-2 所示。

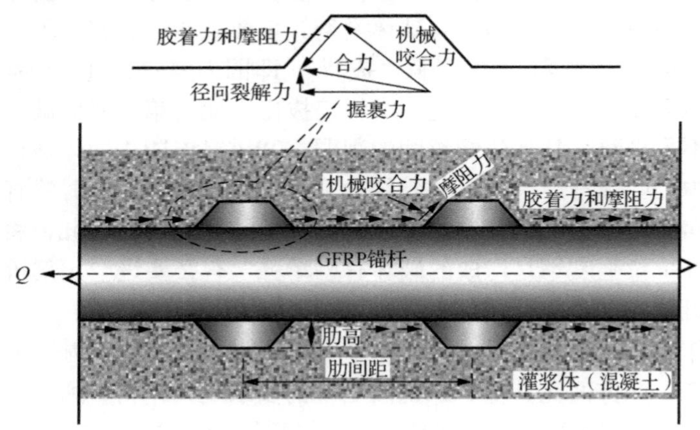

图 5-1 螺纹 GFRP 锚杆与灌浆体之间的相互作用

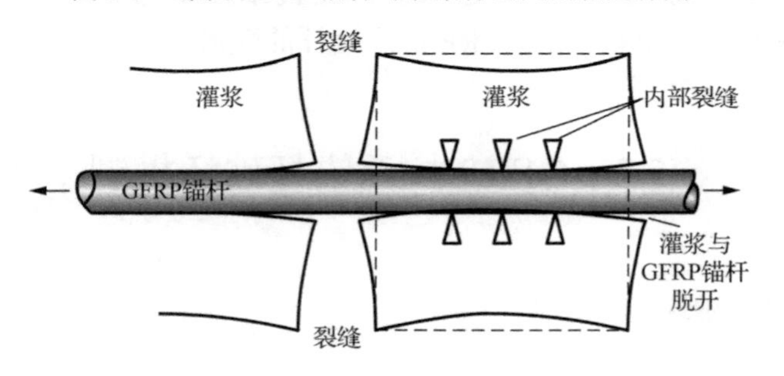

图 5-2 螺纹 GFRP 锚杆裂缝产生机理

GFRP 抗浮锚杆产生拔出破坏时，GFRP 锚杆杆体的强度尚未充分发挥。加载初期，杆体与锚固体之间剪应力较小，小于两者之间黏结强度，同时更小于锚杆纤维丝与基体的黏结强度，起作用的主要是摩阻力和化学胶着力，由于 GFRP 锚杆未经表面喷砂等工艺处理，摩阻力和化学胶着力产生的作用较小。随着荷载增加，摩阻力和化学胶着力逐渐降低，此时锚杆螺纹与灌浆体之间的机械咬合力便起主要作用。随着锚杆表面的磨损，使机械咬合力在杆体一定长度范围内进一步降低；机械咬合力的最大值向杆体深部的传递，最终伴随着机械咬合力的失效，GFRP 锚杆杆体与砂浆脱黏或者锚杆被拔出。这种破坏可以解释为 GFRP 锚杆的螺纹起伏产生的剪胀破坏。参考钢锚杆的传力机制，随着荷载的增加，GFRP 锚杆杆体与灌浆体的结合应力的最大值向锚杆底端移动，锚杆杆体以渐近的方式发生滑动并改变着结合应力的分布，如图 5-3 所示。而加载端的钢套筒由于有足够的侧向约束，能够对 GFRP 锚杆提供足够的界面压力，而灌浆体的抗剪强度不足，因此出现灌浆体脱黏松动现象。加载端钢套筒与 GFRP 锚杆的黏结强度高于锚杆与灌浆体的黏结强度，灌浆体的剪切强度还未充分发挥时，剪胀产生的拉应力就已达到了灌浆体的抗拉强度，因而 GFRP 抗浮锚杆脱黏的同时在临近加载端时常伴随锚固砂浆开裂破坏。

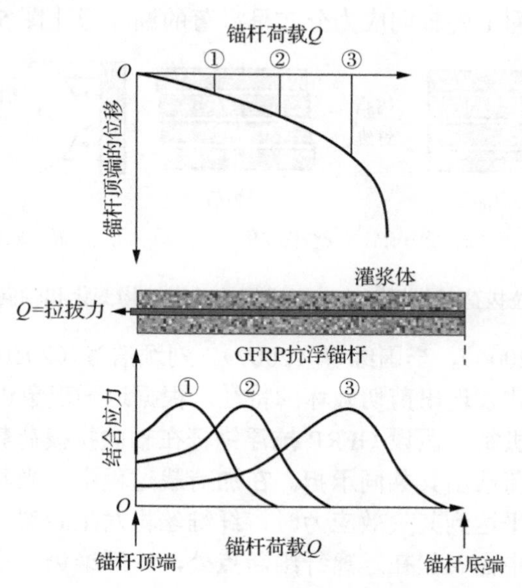

图 5-3　加载过程中沿锚杆长度的结合应力的变化

5.2.2 第一界面剪切破坏

对于第一界面的破坏形式，GFRP 抗浮锚杆表现出剪切破坏的特征，锚杆破坏点均未出现在加载端，而是出现在第一界面距离孔口一定深度处，并非轴向应力最大的位置。直观上观察，与普通钢锚杆（第一界面）的破坏现象基本相同，但破坏实质却有所不同。GFRP 锚杆的抗拉强度远高于其抗剪强度，抗剪性能是其薄弱环节，所以当界面剪应力超过 GFRP 锚杆自身的抗剪强度或杆体与锚固体的抗剪强度而发生剪切破坏时，会在杆体表面剪应力峰值处出现白斑状裂纹，纤维脱落。因此，GFRP 锚杆调用的是纤维丝的剪切强度。对于钢筋锚杆而言，第一界面的剪切破坏主要是杆体剪切应力超过砂浆的抗剪强度所致。

GFRP 锚杆为纤维和树脂组成的正交各向异性材料，树脂的弹性模量与纤维相比较小，外荷载作用下树脂的剪切变形显著［图 5-4（a)］。由于 GFRP 筋材的抗剪强度较低，在加载端轴向拉拔荷载通过钢套筒将剪力传递到 GFRP 锚杆的表层纤维，锚固段则通过砂浆将剪力传到表层纤维，再通过树脂将剪力传递到内层纤维，使杆体荷载分布到每根纤维上，所以其应力是由外向内传递，表层纤维承担的应力大于内层纤维，由于树脂的模量低，能传递到内层纤维上的应力较少，使得 GFRP 锚杆截面上的轴向应力分布呈显著的漏斗形［图 5-4（b)］。

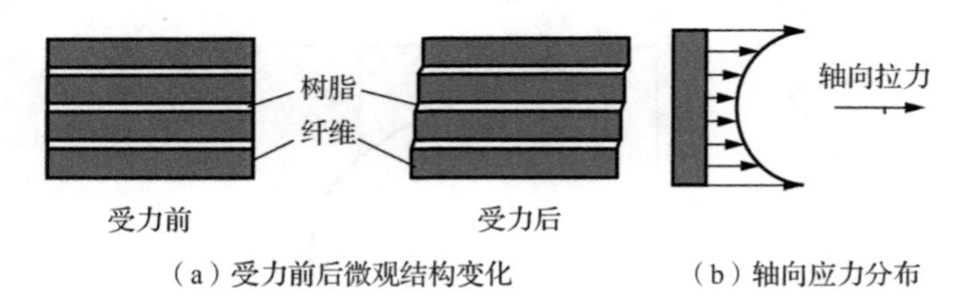

（a）受力前后微观结构变化　　（b）轴向应力分布

图 5-4　拉拔荷载作用下 GFRP 锚杆的微观结构变化和轴向应力分布

结合贾新等（2006)、李国维等（2007)、刘颖浩等（2010）研究成果，GFRP 锚杆杆体的破坏形式表现出剪切破坏的特征，根据这一现象进一步分析 GFRP 抗浮锚杆的剪切破坏机制。假设 GFRP 抗浮锚杆在轴向拉拔荷载作用下纤维和基体的变形是一致的，荷载由其共同承担。在加荷载过程中，当其中某一纤维上一弱点处的局部应力水平达到其失效应力时，纤维丝将发生断裂，其所承担的荷载会转移到相邻的基体中去。但在远离纤维断点处，该纤维仍会承担其全部荷载。在相邻断点的纤维上的应力将会发生扰动（图 5-5)，但这种应力（纤维拉伸应力即 GFRP 锚杆受拉时，锚杆某一纤维所产生的拉应力）集中将不会大到引起邻近纤维断裂的程度。随着 GFRP 锚杆受荷的增加，其他纤维将陆续发生断裂。但每根纤维丝即使多处断裂，也不会严重影响整个 GFRP 锚杆的承载能力，这是因为在距每个断裂端短距离δ内断裂纤维所承担的拉拔荷载会再次快速增大到其初始水平。所以，在荷载施加过程中，听到纤维丝连续断裂的劈啪声响时，锚杆还可以继续施加荷载。

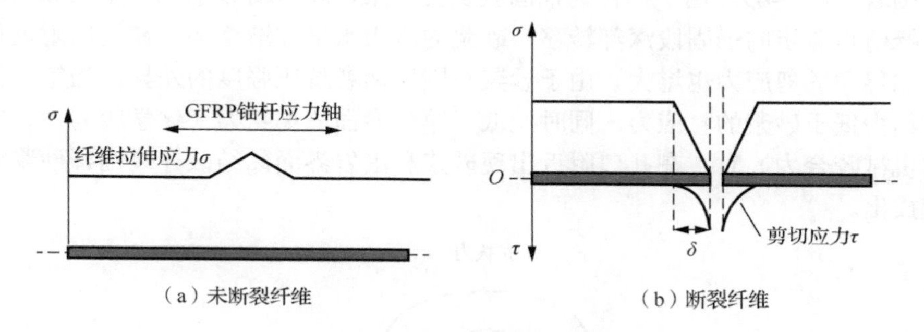

（a）未断裂纤维　　（b）断裂纤维

图 5-5 断裂纤维周围应力扰动

如果纤维单丝强度分散小，纤维之间排列紧密，那么邻近纤维上的附加荷载将会足够大而使其断裂。如果是循环加载多次，局部应力集中将会变得更大，那么纤维断裂的截面将会变得很弱而不能继续承担荷载，从而造成破坏性的脆性断裂。需要说明的是，第 1 根纤维单丝断裂造成的应力集中不可能恰好与第 2 根单丝的弱点在一起，因此第 2 根单丝很少会和第 1 根单丝在同一截面处断裂。实际上，纤维单丝断裂的累积是随机的，如果某一截面处单丝断裂的数量使该处纤维体积含量降低到不能满足承担拉拔荷载，或者 GFRP 锚杆的剪切应力累积到足够大，就会造成锚杆拉断或纤维与基体界面的剪切破坏。

GFRP 锚杆锚固段的轴向荷载通过砂浆的黏结力形式承担，如前所述，黏结力主要由锚杆与砂浆的摩阻力、水泥砂浆凝胶体与锚杆的化学胶着力和螺纹锚杆表面的突起螺纹与砂浆之间的机械咬合力组成。对于光圆 GFRP 锚杆主要是摩阻力和胶着力发挥作用，作用力的方向与纤维丝纵向平行，纤维丝发挥的是纵向强度；而对于全螺纹 GFRP 锚杆，由于缠绕肋的存在，机械咬合力占主要优势，作用力的方向和纤维丝的方向是交叉的，纤维丝发挥的是横向强度。由于 GFRP 材料强度是高度各向异性的，在垂直于增强纤维的方向强度较低，而且玻璃纤维抗剪强度远远低于其抗拉强度，因此在剪应力峰值区域，当剪应力峰值超过纤维丝的抗剪强度时发生剪切破坏。剪应力峰值在一定程度上反映了第一界面以及 GFRP 锚杆内纤维/基体化学键合和物理键合的联合作用强度。

5.2.3 第二界面剪切破坏

对于第二界面的破坏形态，可解释为围岩的强度不足导致砂浆与围岩剪切破坏。锚杆承受拉拔荷载时，荷载的传递顺序为：锚杆→第一界面→砂浆→第二界面→围岩（图 5-6）。由于锚杆的锚固段长度有限，随着荷载增加，第一界面的黏结力峰值点逐步向锚固段深部转移，砂浆的应力水平逐渐增加，在孔口附近传递到第二界面的剪应力也增大。由于砂浆与围岩两者抗压强度的差异，当第二界面的黏结力低于砂浆的拉应力，同时又低于第一界面的黏结力（化学胶着力、摩阻力和机械咬合力）时，在孔口附近出现砂浆和围岩界面黏结破坏或锚杆砂浆棒被一起拔出。

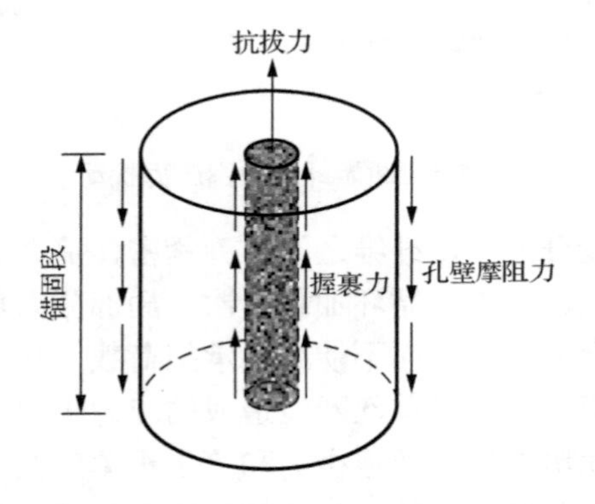

图 5-6 抗浮锚杆锚固段受力简图

5.3 GFRP 抗浮锚杆的全变形

5.3.1 全变形概念的提出

抗浮锚杆的变形包括：①锚杆锚入岩土段地表变形量（内变形），这是通常意义上的锚杆变形；②锚杆锚入底板段变形量（外变形）；③长期荷载作用下锚杆内、外锚固段的附加变形（蠕变）量。抗浮锚杆考虑上述全部变形，比仅考虑锚杆拉拔试验变形的做法更合理，能够详细反映 GFRP 抗浮锚杆的变形全貌，可以称为“全变形”。

长期工作状态下 GFRP 抗浮锚杆的全变形量 δ_q 的表达形式为

$$\delta_q = \delta_n + \delta_w + \delta_t \tag{5-1}$$

式中：δ_q 为 GFRP 抗浮锚杆的全变形量；δ_n 为 GFRP 抗浮锚杆内锚固段的变形量；δ_w 为 GFRP 抗浮锚杆外锚固段的变形量；δ_t 为 GFRP 抗浮锚杆在长期荷载作用下的附加变形量。

在实际工程应用中全变形量有一个限定数值，由底板变形限制而定。确定了承载力及全变形控制量后，可以反过来推算其他设计参数。例如，结合基础底板的结构特征，确定容许（全）变形值，从而确定锚杆长度；同时根据锚杆的承载力（临界锚固长度）确定锚杆长度，取两者的大者，此即双控概念。

5.3.2　变形分析

1. 内锚固段变形量 δ_n

在锚杆拉拔过程中，可通过百分表（或位移传感器）测量锚杆加载端的位移。但是研究第一界面（杆体与锚固体）的滑移和第二界面（锚固体与周围岩土体）的滑移更有实际意义。GFRP 抗浮锚杆加载端位移由 5 部分组成：GFRP 锚杆杆体的弹性伸长、第一界面的滑移、第二界面的滑移、锚固体的弹性变形以及周围岩土体的弹性变形。由于 GFRP 抗浮锚杆拉拔大多发生混合界面破坏，因此可将 GFRP 锚杆第一界面、第二界面的滑移综合考虑。本书第 2 章已通过改进的拉拔试验装置研究 GFRP 抗浮锚杆的内锚固抗拔性能，百分表直接测量近锚固体表面锚杆杆体的位移，可忽略 GFRP 锚杆杆体的弹性伸长量，内锚固段变形量的表达式为

$$\delta_n = \delta_a + \delta_s + \delta_m + \delta_r \tag{5-2}$$

式中：δ_a 为 GFRP 抗浮锚杆与锚固体界面的滑移量；δ_s 为锚固体与周围岩土体界面的滑移量；δ_m、δ_r 分别为锚固体和周围岩土体的弹性变形。

（1）全长黏结 GFRP 抗浮锚杆锚固体变形 δ_m

通常第二界面剪应力的发挥与其相对位移有关，根据张洁等（2005）研究表明，第二界面剪应力与周围岩土体的物理力学性质、灌浆体的密实度（灌浆压力和灌浆次数）及灌浆体表面的粗糙程度等因素相关。现场测试与理论研究表明，锚固体顶端位移较小时，第二界面的剪应力首先在锚固体顶端达到极限值，然后逐渐向下发展并不断减小，最终趋于 0，基本呈倒三角形分布。为了简化计算，假定锚固体与周围岩土体之间的剪应力呈倒三角形分布，如图 5-7 所示。

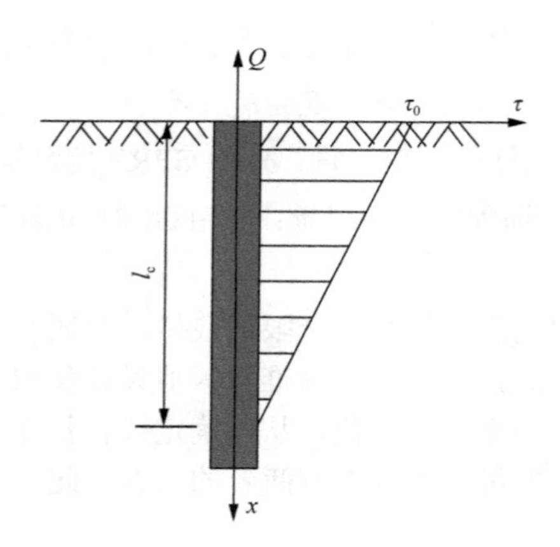

图 5-7 锚固体剪应力分布模型

设 GFRP 抗浮锚杆临界锚固长度为 l_c，则锚固体侧面任意一点 x 处的剪应力 τ 为

$$\tau=\frac{Q}{\pi r_0 l_c}\left(1-\frac{x}{l_c}\right) \qquad 0\leqslant x\leqslant l_c \tag{5-3}$$

式中：r_0 为锚固体半径；Q 为锚杆顶端的拉拔荷载。

$x=0$ 时，$\tau=\tau_0$，τ_0 为锚固体表面处周围岩土体的剪应力，代入式（5-3）可得

$$Q=\pi r_0\tau_0 l_c \tag{5-4}$$

锚固体轴力沿锚固长度的分布规律为

$$Q(x)=Q\left(1-\frac{2x}{l_c}+\frac{x^2}{l_c^2}\right) \qquad 0\leqslant x\leqslant l_c \tag{5-5}$$

由此可得锚固体的弹性变形为

$$\delta_m=\int_0^{l_c}\frac{Q(x)}{E_m A_m}dx=\frac{Q}{E_m A_m}\int_0^{l_c}\left(1-\frac{2x}{l_c}+\frac{x^2}{l_c^2}\right)dx=\frac{Ql_c}{3E_m A_m} \tag{5-6}$$

式中：E_m 为锚固体综合弹性模量；A_m 为锚固体综合横截面面积。

（2）周围岩土体的变形 δ_r

由于抗浮锚杆的受力机理和变形特征与抗拔桩极为相似，因此完全可以采用已有的抗拔桩变形计算理论，对 GFRP 抗浮锚杆在拉拔荷载作用下的变形进行分析和研究。在忽略周围岩土体竖向应力增长的条件下，周围岩土体变形可采用剪切位移模型，如图 5-8 所示。岩土体将剪应力和剪切变形传递给相邻单元，并连

续地一直传递至很远的 n 倍锚固体半径之外。

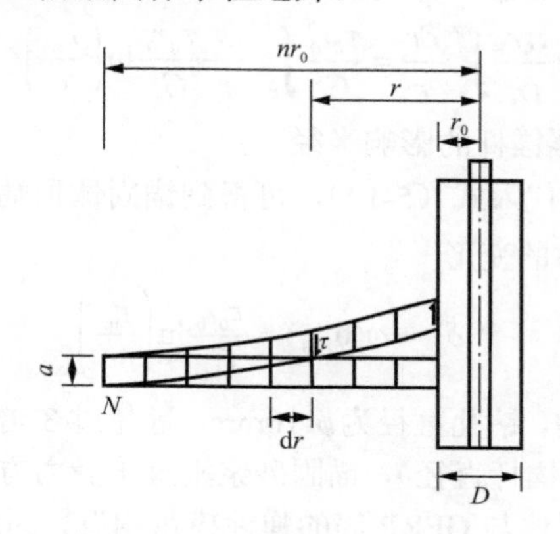

图 5-8 剪切位移模型

基于剪切位移模型，可将周围岩土体的变形视为同心圆柱体。从圆柱体内取出一微单元体，根据弹性理论和单元体竖向平衡条件得

$$\tau_{rx}=\frac{\tau_0 r_0}{r} \tag{5-7}$$

式中：r_0 为锚固体半径；r 为岩土体中某点距锚固体轴线的垂直距离。

根据弹性理论几何方程可得剪应变为

$$\gamma=\frac{\partial u}{\partial x}+\frac{\partial \omega}{\partial r} \tag{5-8}$$

式中：u 为线应变；ω 为转角应变；$\frac{\partial u}{\partial x}$ 为 x 方向线应变；$\frac{\partial \omega}{\partial r}$ 为 r 方向转角应变。

将式（5-8）等号右边第一项略去后得

$$\gamma=\frac{\partial \omega}{\partial r} \tag{5-9}$$

再由弹性理论的物理方程可得

$$\gamma=\frac{\tau_{rx}}{G_s} \tag{5-10}$$

式中：G_s 为周围岩土体的剪切模量。

将式（5-7）、式（5-10）代入式（5-9），变换后得到

$$\partial\omega=\gamma\partial r=\frac{\tau_{rx}}{G_s}\partial r=\frac{\tau_0 r_0}{G_s}\frac{\partial r}{r} \tag{5-11}$$

假定周围岩土体为均质体，对式（5-11）两边同时积分，即可求出任意深度 x

处同一圆心面上的竖向位移，即周围岩土体在该深度处的变形为

$$\delta_r = \omega(x,r) = \int \partial r = \frac{\tau_0 r_0}{G_s}\int_r^{\infty}\frac{\partial r}{r} = \frac{\tau_0 r_0}{G_s}\int_r^{r_m}\frac{\partial r}{r}\frac{\tau_0 r_0}{G_s}\ln\left(\frac{r_m}{r}\right) \qquad r_0 \leqslant x \leqslant r_m \quad (5\text{-}12)$$

式中：r_m 为 GFRP 抗浮锚杆的影响半径。

令 $x=0$ ，$r=r_0$ ，代入式（5-12），可得到锚固体顶端紧贴第二界面（紧贴锚固体表面）周围岩土体的变形

$$\delta_{r_0} = \omega(0,r_0) = \frac{\tau_0 r_0}{G_s}\ln\left(\frac{r_m}{r_0}\right) \quad (5\text{-}13)$$

内锚固试验过程中，钻孔直径为ϕ110mm，远超过 3 倍的 GFRP 抗浮锚杆直径（d=28mm，d 为 GFRP 锚杆直径），锚固砂浆垂直于受力方向的截面积远大于锚杆杆体的截面积，而锚固体与 GFRP 筋的弹性模量相近，因此锚固体的纵向变形 δ_m 比 GFRP 锚杆杆体的弹性变形小得多，可以忽略不计。而周围岩土体可看作弹性空间的半无限体，荷载施加过程中，周围岩土体的纵向压缩量 δ_r 可以忽略不计。因此，式（5-2）可以简化为

$$\delta_n = \delta_a + \delta_s \quad (5\text{-}14)$$

2. 外锚固段变形量 δ_w

在 GFRP 抗浮锚杆外锚固试验过程中，锚杆直接锚入混凝土，外锚固段变形量的表达式为

$$\delta_w = \delta_b + \delta_c \quad (5\text{-}15)$$

式中：δ_b 为 GFRP 抗浮锚杆与混凝土界面的滑移量；δ_c 为混凝土块体的变形。

外锚固试验中，混凝土块体的纵向压缩变形可忽略不计，而百分表的磁力表架安装在距锚杆一定距离（>10d，d 为锚杆直径）的对拉试件上，百分表的读数的变化为 GFRP 抗浮锚杆与混凝土界面相对位移，式（5-15）可简化为

$$\delta_w = \delta_b \quad (5\text{-}16)$$

3. 附加变形量 δ_t

在全长黏结螺纹 GFRP 抗浮锚杆蠕变试验过程中，可得到不同荷载作用下锚杆的位移-时间关系，长期荷载作用下 GFRP 抗浮锚杆的附加变形量表达式为

$$\delta_t = \delta_{nt} + \delta_{wt} \quad (5\text{-}17)$$

式中：δ_{nt} 为 GFRP 抗浮锚杆内锚固段的附加变形（蠕变）量；δ_{wt} 为 GFRP 抗浮锚杆外锚固段的附加变形（蠕变）量。

因此，将式（5-14）、式（5-16）、式（5-17）代入式（5-1），则长期工作状态下 GFRP 抗浮锚杆的全变形量 δ_q 可写为

$$\delta_q = \delta_a + \delta_s + \delta_b + \delta_{nt} + \delta_{wt} \tag{5-18}$$

在内锚固、外锚固及蠕变试验中，拉拔荷载为 200kN 时，ϕ28mm 单筋 GFRP 抗浮锚杆内锚固变形量的变化范围为 6.96～8.23mm，外锚固变形量的变化范围为 1.52～2.42mm；在荷载水平为 210kN 时，ϕ25mm 单筋 GFRP 抗浮锚杆内锚固附加变形量变化范围为 3.80～5.04mm。外锚固（与混凝土锚固）附加变形量的上限和下限分别小于内锚固附加变形量的上限和下限。所以，在本书试验条件下，保守估计，GFRP 抗浮锚杆的全变形的变化范围为 16.08～20.73mm，与陈根全（1997）建议的取值方法和相关研究人员关于上拔桩桩顶位移的控制标准（锚头位移及对应荷载取 10～20mm 范围内的低值）相符，说明 GFRP 抗浮锚杆的全变形能够满足工程需求。工程应用中，底板的混凝土强度等级高于本书试验的混凝土强度（C25），所以 GFRP 抗浮锚杆的全变形比本书的试验结果更小。

参 考 文 献

白金超，2008．岩土锚固的 FBG-FRP 锚杆及其智能监测系统[D]．哈尔滨：哈尔滨工业大学．

白晓宇，匡政，张明义，等，2019．全螺纹 GFRP 抗浮锚杆与混凝土底板黏结锚固性能的试验研究[J]．材料导报，33（9）：3035-3042．

白晓宇，张明义，王永洪，等，2020a．GFRP 抗浮锚杆与混凝土底板黏结特性现场试验[J]．中国矿业大学学报，49（1）：93-102．

白晓宇，张明义，闫楠，2015．两种不同材质抗浮锚杆锚固性能的现场对比试验研究与机理分析[J]．土木工程学报，48（8）：38-46，59．

白晓宇，郑晨，张明义，等，2020b．大直径 GFRP 抗浮锚杆蠕变试验及蠕变模型[J]．岩土工程学报，42（7）：1304-1311．

陈根全，1997．锚杆桩的抗拔试验[J]．工程勘察（2）：15-16．

陈巧，2009．GFRP 抗浮锚杆试验研究[D]．南京：南京工业大学．

陈棠茵，王贤能，2006．抗浮锚杆应力-应变状态的线弹性理论分析[J]．岩土力学，27（11）：2033-2036，2049．

崔凯，王东华，谌文武，等，2018．基于改性糯米灰浆的 3 种锚杆锚固性能对比研究[J]．岩土力学，39（2）：498-506．

方从严，卓家寿，2005．锚杆加固机理的试验研究现状[J]．河海大学学报（自然科学版），33（6）：698-700．

付文光，柳建国，杨志银，2014．抗浮锚杆及锚杆抗浮体系稳定性验算公式研究[J]．岩土工程学报，36（11）：1971-1982．

高丹盈，BRAHIM B，2000．纤维聚合物筋混凝土的粘结机理及锚固长度的计算方法[J]．水利学报（11）：70-78．

高丹盈，谢晶晶，2002．纤维聚合物筋混凝土粘结性能的基本问题[J]．郑州大学学报：工学版，23（1）：1-5．

高丹盈，张钢琴，2005．纤维增强塑料锚杆锚固性能的数值分析[J]．岩石力学与工程学报，24（20）：3724-3729．

高丹盈，朱海堂，谢晶晶，2004．纤维增强塑料筋锚杆及其应用[J]．岩石力学与工程学报，23（13）：2205-2210．

郭恒宁，张继文，2006．FRP 筋与混凝土粘结滑移性能的试验研究[J]．混凝土（8）：1-4．

郝庆多，王言磊，侯吉林，等，2008．GFRP 带肋筋粘结性能试验研究[J]．工程力学，25（10）：158-165．

胡斌，王新刚，连宝琴，2010．纤维类材料改善膨胀土工程性能的适用性探讨[J]．岩土工程学报，32（增刊 2）：615-618．

胡建阳，黄承智，1989．玻璃钢的蠕变分析[J]．武汉理工大学学报：信息与管理工程版，11（3）：16-24．

胡金星，2012．GFRP 锚杆锚固性能研究与分析[D]．长沙：中南大学．

黄军，叶义成，王文杰，等，2010．基于应用的 GFRP 锚杆拉伸和剪切性能试验研究[J]．中国矿业（10）：94-96．

黄生文，邱贤辉，罗文兴，2009．GFRP 锚杆锚固特性研究[J]．长沙理工大学学报：自然科学版，6（3）：33-39．

黄志怀，李国维，2008a．玻璃纤维增强塑料锚杆设计研究[J]．玻璃钢/复合材料（4）：36-40．

黄志怀，李国维，李玉起，2010．不同直径 GFRP 锚杆承载特征的现场对比试验[J]．玻璃钢/复合材料（1）：24-27．

黄志怀，李国维，王思敬，等，2008b．不同围岩条件玻璃纤维增强塑料锚杆结构破坏机制现场试验研究[J]．岩石力学与工程学报，27（5）：1008-1018.

黄志怀，刘汉东，2005. BOTDR技术监测GFRP锚杆应变的试验研究[J]. 华北水利水电学院学报，26（2）：49-51.

贾金青，宋二祥，2002. 滨海大型地下工程抗浮锚杆的设计与试验研究[J]. 岩土工程学报，24（6）：769-771.

贾新，袁勇，李焯芬，2006. 新型玻璃纤维增强塑料砂浆锚杆的黏结性能试验研究[J]. 岩石力学与工程学报，25（10）：2108-2114.

江学良，杨慧，毛妙，等，2011. 玻璃纤维增强塑料（GFRP）锚杆粘结性能的影响因素分析[J]. 湖南城市学院学报（自然科学版），20（1）：1-7.

蒋田勇，方志，2010. CFRP筋复合式锚具锚固性能的试验研究[J]. 土木工程学报，43（2）：79-87.

孔宪宾，余跃心，李炜，等，2000. 土-锚杆相互作用机理的研究[J]. 工程力学，17（3）：80-86.

匡政，白晓宇，张明义，等，2018. GFRP抗浮锚杆在混凝土底板中锚固特性现场试验[J]. 广西大学学报（自然科学版），43（4）：1588-1595.

匡政，白晓宇，张明义，等，2019. 弯曲与直锚GFRP复合材料抗浮锚杆锚固特性试验研究[J]. 复合材料学报，36（5）：1063-1073.

李国维，戴剑，倪春，等，2013a. 大直径内置光纤光栅玻璃纤维增强聚合物锚杆梁杆黏结试验[J]. 岩石力学与工程学报，32（7）：1449-1457.

李国维，高磊，黄志怀，等，2007. 全长黏结玻璃纤维增强聚合物锚杆破坏机制拉拔模型试验[J]. 岩石力学与工程学报，26（8）：1653-1663.

李国维，葛万明，倪春，等，2012. 加载速率对大直径GFRP筋足尺试件抗拉性能的影响[J]. 岩石力学与工程学报，31（7）：1469-1477.

李国维，黄志怀，张丹，等，2006. 玻璃纤维增强聚合物锚杆现场承载特征现场试验[J]. 岩石力学与工程学报，25（11）：2240-2246.

李国维，刘朝权，黄志怀，等，2010. 应用玻璃纤维锚杆加固公路边坡现场试验[J]. 岩石力学与工程学报，29（增刊2）：4056-4062.

李国维，倪春，葛万明，等，2013b. 大直径喷砂FRP筋应力松弛试件锚固方法研究[J]. 岩土工程学报，35（2）：227-234.

李国维，余亮，吴玉财，等，2014. 预应力喷砂玻璃纤维聚合物锚杆的黏结损伤[J]. 岩石力学与工程学报，33（8）：1711-1719.

李国维，郑诚，陈圣刚，等，2017. 引江济淮软岩全黏结GFRP筋锚固蜕化现场实验[J]. 水利学报，48（7）：825-836.

李季，2011. 纤维复合材料自锁式锚具设计及其性能研究[D]. 北京：北京交通大学.

李明，张庆彬，叶智威，等，2018. GFRP锚杆与常规锚杆在隧道支护中的承载力对比试验[J]. 中外公路，38（2）：177-181.

李伟伟，2013. GFRP抗浮锚杆外锚固试验研究及有限元模拟[D]. 青岛：青岛理工大学.

刘汉东，于新政，李国维，2005. GFRP锚杆拉伸力学性能试验研究[J]. 岩石力学与工程学报，24（20）：3719-3723.

刘颖浩，袁勇，2010．全螺纹 GFRP 黏结型锚杆锚固性能试验研究[J]．岩石力学与工程学报，29（2）：394-400．
陆士良，1998．锚杆锚固力与锚固技术[M]．北京：煤炭工业出版社．
罗小勇，唐谢兴，孙奇，等，2014．冻融循环作用下 GFRP 筋黏结性能试验研究[J]．铁道科学与工程学报，11（5）：1-4．
吕国玉，2003．碳纤维增强塑料预应力筋锚具的设计研究[D]．武汉：武汉理工大学．
吕志涛，2005．高性能材料 FRP 应用与结构工程创新[J]．建筑科学与工程学报，22（1）：1-5．
马骥，张东刚，张震，等，2013．承压型预应力抗浮锚杆设计方法的探讨[J]．岩土工程学报，35（增刊 2）：1143-1146．
穆霞英，1990．蠕变力学[M]．西安：西安交通大学出版社．
欧进萍，周智，武湛君，等，2004．黑龙江呼兰河大桥的光纤光栅智能监测技术[J]．土木工程学报，37（1）：45-49．
彭衡和，邱贤辉，2008．GFRP 锚杆加固高速公路红砂岩边坡的工程实例分析[J]．公路工程，33（4）：114-116，172．
沈叔曾，1982．玻璃钢的蠕变性能[J]．力学（季刊），3（2）：71-78．
师晓权，张志强，李志业，等，2010．GFRP 筋与混凝土黏结性能拉拔试验研究[J]．铁道建筑（10）：133-136．
孙奇，2012．GFRP 锚杆冻融循环与长期荷载作用力学性能试验研究[D]．长沙：中南大学．
孙涛，周飞羽，刘强，等，2017．玻璃纤维增强聚合物锚杆锚头试验研究[J]．中国水利水电科学研究院学报，15（4）：250-255，262．
孙晓燕，姚晨纯，王海龙，等，2014．基于 3D 有限元的 FRP 筋夹片式锚具参数影响分析[J]．浙江大学学报（工学版），48（6）：1058-1067．
孙玉宁，周鸿超，宋维宾，2006．端锚可回收锚杆锚固段力学特征研究[J]．岩石力学与工程学报，25（增刊 1）：3014-3021．
孙志刚，2005．碳纤维预应力筋及拉索锚固系统抗疲劳性能的试验研究[D]．长沙：湖南大学．
唐梦华，曹绍林，2016．抗浮锚杆力学性能以及影响因素的试验分析[J]．施工技术，45（增 1）：472-475．
王勃，付德成，杨艳敏，2009．GFRP 筋与混凝土粘结性能试验研究[J]．工业建筑（增刊）：129-132．
王南，2017．土遗址用 GFRP 锚杆双锚固模型试验与模拟分析[C]//第 26 届全国结构工程学术会议论文集（第Ⅲ册），工程力学：619-622．
王钊，王金忠，曾繁平，等，2007a．玻璃钢螺旋锚的现场拉拔试验[J]．岩土工程学报，29（10）：1439-1442．
王钊，周红安，李丽华，等，2007b．玻璃钢螺旋锚的设计和试制[J]．岩土力学，28（11）：2325-2328．
徐平，丁亚红，王兴国，等，2011．CFPR 筋锚具锚固性能试验与失效分析[J]．河南理工大学学报（自然科学版），30（2）：197-200，205．
许宏发，陈新万，1994．多项式回归间接求解岩石流变力学参数的方法[J]．有色金属，46（4）：19-22．
许宏发，卢红标，钱七虎，2002．土层灌浆锚杆的蠕变损伤特性研究[J]．岩土工程学报，24（1）：61-63．
薛伟辰，2004．纤维塑料筋混凝土研究新进展[J]．中国科学基金，18（1）：10-12．
薛伟辰，2005．非金属锚杆界面粘结强度试验研究[J]．岩土工程学报，27（2）：206-209．

薛伟辰，康清梁，1999．纤维塑料筋粘结锚固性能的试验研究[J]．工业建筑，29（12）：5-7．

杨蒙，张彦忠，谭跃虎，等，2013．GFRP 锚杆在抗浮工程中的应用研究[J]．四川建筑科学研究，39（3）：112-115．

尤春安，2000．全长粘结式锚杆的受力分析[J]．岩石力学与工程学报，19（3）：339-341．

尤春安，2004．锚固系统应力传递机理理论及应用研究[D]．青岛：山东科技大学．

郁步军，蔡文华，梁书亭，等，2014．单根 FRP 筋粘结型锚具的设计与试验研究[J]．盐城工学院学报（自然科学版），27（1）：52-55．

袁国清，董国华，马剑，2009．FRP 筋应力松弛试样端部锚夹方法研究[J]．玻璃钢/复合材料（5）：3-6．

曾宪明，范俊奇，李世民，2008a．锚固类结构界面剪应力相互作用关系试验研究[J]．预应力技术（3）：22-27．

曾宪明，林大路，李世民，等，2009．锚固类结构杆体临界锚固长度问题综合研究[J]．岩石力学与工程学报，28（增刊 2）：3609-3625．

曾宪明，赵林，李世民，等，2008b．锚固类结构杆体临界锚固长度与判别方法试验研究[J]．岩土工程学报，30（增刊 1）：404-409．

詹界东，杜修力，邓宗才，2006．预应力 FRP 筋锚具的研究与发展[J]．工业建筑，36（12）：65-68．

詹界东，杜修力，王作虎，2009．CFRP 筋夹片-套筒型锚具的研发[J]．建筑结构学报（增刊 1）：339-343．

张国炳，吴玉才，黄志怀，2005．GFRP 锚杆通体变形特性检测试验研究[J]．公路（5）：9-12．

张海霞，朱浮声，王凤池，2007．FRP 筋与混凝土粘结滑移数值模拟[J]．沈阳建筑大学学报（自然科学版），23（2）：231-234．

张季如，唐保付，2002．锚杆荷载传递机理分析的双曲函数模型[J]．岩土工程学报，24（2）：188-192．

张洁，尚岳全，叶彬，2005．锚杆临界锚固长度解析计算[J]．岩石力学与工程学报，24（7）：1134-1138．

张明义，白晓宇，李伟伟，2016．GFRP 抗浮锚杆螺母托盘锚具外锚固性能试验[J]．中南大学学报（自然科学版），47（1）：239-246．

张明义，张健，刘俊伟，等，2008．中风化花岗岩中抗浮锚杆的试验研究[J]．岩石力学与工程学报，27（增刊）：2741-2746．

张夏辉，2009．碳纤维增强预应力筋锚具的设计研究[D]．济南：山东大学．

张向东，张树光，李永靖，2001．纤维硬塑锚杆的试验研究[J]．中国有色金属学报（增刊 1）：213-216．

张永兴，卢黎，饶枭宇，等，2010．压力型锚杆力学性能模型试验研究[J]．岩土力学，31（7）：2045-2050．

赵洪福，2008．岩石抗浮锚杆工作机理的实验研究与有限元分析[D]．青岛：青岛理工大学．

周长东，吕西林，金叶，2008．GFRP 筋的高温蠕变性能试验分析[J]．工业建筑，38（4）：73-76．

周红安，王钊，2003．灌浆玻璃钢杆拉拔受力分析[J]．长江科学院学报，20（5）：31-34．

周祝林，杨云娣，1985．纤维增强塑料蠕变机理的初步探讨[J]．玻璃钢/复合材料（4）：29-33．

朱海堂，谢晶晶，高丹盈，2004．纤维增强塑料筋锚杆锚固性能的数值分析[J]．郑州大学学报（工学版），25（1）：6-10．

朱鸿鹄，张诚成，施斌，等，2012．GFRP 锚杆拉拔时效模型研究[J]．工程地质学报，20（5）：862-867．

朱磊，张明义，白晓宇，2016. 中风化岩地基中两种不同材质抗浮锚杆的承载性能和变形特性[J]. 工业建筑，46（12）：78-83.

朱磊，张明义，白晓宇，等，2017. GFRP 抗浮锚杆在基础底板中的锚固性能现场试验研究[J]. 土木建筑与环境工程，39（2）：107-114.

ACHILLIDES Z, PILAKOUTAS K, 2004. Bond behavior of fiber reinforced polymer bars under direct pullout conditions[J]. Journal of Composites for Construction, 8(2): 173-181.

AL-MAYAH A, SOUDKI K, PLUMTREE A, 2007. Novel anchor system for CFRP rod: Finite-element and mathematical models[J]. Journal of Composites for Construction, 11(5): 469-476.

ARIAS J P M, VAZQUEZ A, ESCOBAR M M, 2012. Use of sand coating to improve bonding between GFRP bars and concrete[J]. Journal of Composite Materials, 46(18): 2271-2278.

BAKIS C E, BOOTHBY T E, JIA J, 2007. Bond durability of glass fiber-reinforced polymer bars embedded in concrete beams[J]. Journal of Composites for Construction, 11(3): 269-278.

BENMOKRANE B, TIGHIOUART B, 1996. Bond strength and load distribution of composite GFRP reinforcing bars in concrete[J]. ACI Materials Journal, 93(3): 246-253.

BENMOKRANE B, ZHANG B, CHENNOUF A, et al, 2000. Evaluation of aramid and carbon fibre reinforced polymer composite tendons for prestressed ground anchors[J]. Canadian Journal of Civil Engineering, 27(5): 1031-1045.

CHAALLAL O, BENMOKRANE B, MASMOUDI R O, 1992. Physical and mechanical performance of an innovative glass-fiber-reinforced plastic rod for concrete and grouted anchorages [J]. Canadian Society for Civil Engineering, 20(2): 254-268.

COATES D F, YU Y S, 1970. Three-dimensional stress distributions around a cylindrical hole and anchor[C]// Proceedings of the 2nd International Conference on Rock Mechanics. Belgrade, 3: 175-182.

COSENZA E, MANFREDI G, REALFONZO R, 1997. Behavior and modeling of bond of FRP rebars to concrete[J]. Journal of Composites for Construction, 1(2): 40-51.

DUTTA P K, HUI D, 2000. Creep rupture of a GFRP composite at elevated temperatures[J]. Computers and Structures, 76(1): 153-161.

EHSANI M R, SAADATMANESH H, TAO S, 1996. Design recommendations for bond of GFRP rebars to concrete[J]. Journal of Structural Engineering, 122(3): 247-254.

EVANGELISTA A, SAPIO G, 1977. Behaviour of ground anchors in stiff clays[C]//Proceedings of the 9th International Conference on Soil Mechanics and Foundation Engineering. Tokyo: The Japanese Society of Soil Mechanics and Foundation Engineering: 39-47.

FAVA G, CARVELLI V, PISANI M A, 2016. Remarks on bond of GFRP rebars and concrete[J]. Composites Part B Engineering, 93: 210-220.

FOCACCI F, NANNI A, BAKIS C E, 2000. Local bond-slip relationship for FRP reinforcement in concrete[J]. Journal of

Composites for Construction, 4(1): 24-31.

FORNŮSEK J, KONVALINKA P, SOVJÁK R, et al., 2009. Long-term behaviour of concrete structures reinforced with pre-stressed GFRP tendons[J]. WIT Transactions on Modelling and Simulation, 48: 535-545.

FUJITA K, UEDA K, KUSABUKA M, 1978. A method to predict the load displacement relationship of ground anchors[J]. Analytic Model and Matrix Formulation, 3: 58-62.

GOORANORIMI O, SUARIS W, NANNI A, 2017. A model for the bond-slip of a GFRP bar in concrete[J]. Engineering Structures, 146: 34-42.

GOTO Y, 1971. Cracks formed in concrete around deformed tension bars[J]. Journal of American Concrete Institute, 68(4): 244-251.

HANSON N W, 1969. Influence of surface roughness of prestressing strand on bond performance[J]. Journal of Prestressed Concrete Institute, 14(1): 32-45.

HILL K O, FUJII Y, JOHNSON D C, et al, 1978. Photosensitivity in optical fiber waveguides: Application to reflection filter fabrication[J]. Applied Physics Letters, 32(10): 647-649.

HYETT A J, BAWDEN W F, MACSPORRAN G R, et al, 1995. A constitutive law for bond failure of fully-grouted cable bolts using a modified hoek cell[J]. International Journal of Rock Mechanics and Mining Sciences & Geomechanics Abstracts, 32(1): 11-36.

IDRISS R L, 2001. Monitoring of a smart bridge with embedded sensors during manufacturing, construction and service[C]//Proceedings of the 3rd International Workshop on Structural Health Monitoring, Stanford: 604-613.

INAUDI D, 2001. Application of optical fiber sensor in civil structural monitoring[C]//SPIE's 8th Annual International Symposium on Smart Structures and Materials, International Society for Optics and Photonics, 4328: 1-10.

KATSUKI F, 1995. Prediction of deterioration of FRP rods due to alkali attack[C]. Proceedings of the Second International RILEM Symposium, 29: 82-89.

KATZ A, 2000. Bond to concrete of FRP rebars after cyclic loading[J]. Journal of Composites for Construction, 4(3): 137-144.

KILIC A, YASAR E, CELIK A G, 2002. Effect of grout properties on the pull-out load capacity of fully grouted rock bolt[J]. Tunnelling and Underground Space Technology, 17(4): 355-362.

KIM S J, SMITH S T, 2010. Pullout strength models for FRP anchors in uncracked concrete[J]. Journal of Composites for Construction, 14(4): 406-414.

KOU H L, LI W, ZHANG W C, et al, 2019. Stress monitoring on GFRP anchors based on fiber Bragg grating sensors[J]. Sensors, 19(7): 1507.

KRONENBERG P, CASANOVA N, INAUDI D, et al, 1997. Dam monitoring with fiber optics deformation sensors[C]//Smart Structures and Materials 1997: International Society for Optics and Photonics: 2-11.

LARRALDE J, SILVA-RODRIGUEZ R, 1993. Bond and slip of FRP rebars in concrete[J]. Journal of Materials in Civil

Engineering, 5(1): 30-40.

LEE J Y, KIM K H, KIM S W, et al, 2014. Strength degradation of glass fiber reinforced polymer bars subjected to reversed cyclic load[J]. Strength of Materials, 46(2): 235-240.

LEE J Y, KIM T Y, KIM T J, et al, 2008. Interfacial bond strength of glass fiber reinforced polymer bars in high-strength concrete[J]. Composites Part B: Engineering, 39(2): 258-270.

LI F, ZHAO Q L, CHEN H S, et al, 2011. Interface shear stress analysis of bond FRP Tendon anchorage under different boundary conditions[J]. Composite Interfaces, 18(2): 91-106.

LI G W, HONG C Y, DAI J, et al, 2013a. FBG-based creep analysis of GFRP materials embedded in concrete[J]. Mathematical Problems in Engineering: 631216.

LI G W, PEI H F, HONG C Y, 2013b. Study on the stress relaxation behavior of large diameter B-GFRP bars using FBG sensing technology[J]. International Journal of Distributed Sensor Networks, 13: 201767.

LI G, NI C, PEI H, et al, 2013c. Stress relaxation of grouted entirely large diameter B-GFRP soil nail[J]. China Ocean Engineering, 27(4): 495-508.

LORENZIS L D L, LUNDGREN K, RIZZO A, 2004. Anchorage length of near-surface mounted fiber-reinforced polymer bars for concrete strengthening—experimental investigation and numerical modeling[J]. ACI Structural Journal, 101(2): 269-278.

LUTZ L A, GERGELY P, 1967. Mechanics of bond and slip of deformed bars in concrete[J]. Journal of American Concrete Institute, 64(11): 711-721.

MARTÍ-VARGAS J R, HALE W M, GARCÍA-TAENGUA E, et al., 2014. Slip distribution model along the anchorage length of prestressing strands[J]. Engineering Structures, 59: 674-685.

MASMOUDI R, MASMOUDI A, OUEZDOU M B, et al, 2011. Long-term bond performance of GFRP bars in concrete under temperature ranging from 20 C to 80 C[J]. Construction and Building Materials, 25(2): 486-493.

MELTZ G, MOREY W W, GLENN W H, 1989. Formation of Bragg gratings in optical fibers by a transverse holographic method[J]. Optics Letters, 14(15): 823-825.

MENGES G, ROSKOTHEN H J, ADAMCZAK H, 1972. Creep and aging characteristics of glass-fiber-reinforced plastics[C]//Arbeitsgemeinschaft Verstaerkte Kunststoffe, Open Meeting, 10th, Freudenstadt, West Germany: 851-859.

NOVIDIS D, PANTAZOPOULOU S J, TENTOLOURIS E, 2007. Experimental study of bond of NSM-FRP reinforcement[J]. Construction and Building Materials, 21(8): 1760-1770.

OKELO R, 2007. Realistic bond strength of FRP rebars in NSC from beam specimens[J]. Journal of Aerospace Engineering, 20(3): 133-140.

OSTERMAYER H, SCHEELE F, 1977. Research on ground anchors in non-cohesive soils[C]//Proceedings of the 9th International Conference on Soil Mechanics and Foundation Engineering. Tokyo: The Japanese Society of Soil Mechanics and Foundation Engineering: 92-97.

OZBAKKALOGLU T, SAATCIOGLU M, 2009. Tensile behavior of FRP anchors in concrete[J]. Journal of Composites for Construction, 13(2): 82-92.

ÖZKAL F M, POLAT M, YAĞANB M, et al., 2018. Mechanical properties and bond strength degradation of GFRP and steel rebars at elevated temperatures[J]. Construction and Building Materials, 184: 45-57.

PHILLIPS S H E, 1970. Factors affecting the design of anchorages in rock[R]. London: Cementation Research Ltd.

PROHASKA J D, SNITZER E, CHEN B, et al., 1993. Fiber optic bragg grating strain sensor in large-scale concrete structures[C]//Fibers' 92. International Society for Optics and Photonics: 286-294.

ROBERT M, BENMOKRANE B, 2010. Physical, mechanical, and durability characterization of preloaded GFRP reinforcing bars[J]. Journal of Composites for Construction, 14(4): 368-375.

ROBERT M, BENMOKRANE B, 2013. Combined effects of saline solution and moist concrete on long-term durability of GFRP reinforcing bars[J]. Construction and Building Materials, 38: 274-284.

RUSSO G, ZINGONE G, ROMANO F, 1990. Analytical solution for bond-slip of reinforcing bars in RC joints[J]. Journal of Structural Engineering, 116(2): 336-355.

SAKAI T, KANAKUBO T, YONEMARU K, et al, 1999. Bond splitting behavior of continuous fiber reinforced concrete members[J]. ACI Special Publication, 188: 1131-1144.

SANDOR S, MATTEO D B, MAURIZIO G, et al., 2019. Effect of temperature on the bond behaviour of GFRP bars in concrete[J]. Composites Part B: Engineering, 183: 107602.

SAYED-AHMED E Y, SHRIVE N G, 1998. A new steel anchorage system for post-tensioning applications using carbon fibre reinforced plastic tendons[J]. Canadian Journal of Civil Engineering, 25(1): 113-127.

SCHMIDT J W, BENNITZ A, TÄLJSTEN B, et al., 2012. Mechanical anchorage of FRP tendons-A literature review[J]. Construction and Building Materials, 32(7): 110-121.

SOLYOMA S, BENEDETTI M D, GUADAGNINI M, et al., 2019. Effect of temperature on the bond behaviour of GFRP bars in concrete [J]. Composites Part B: Engineering, 183:107602.

SOONG W H, RAGHAVAN J, RIZKALLA S H, 2011. Fundamental mechanisms of bonding of glass fiber reinforced polymer reinforcement to concrete[J]. Construction and Building Materials, 25(6): 2813-2821.

SOUDKI K A, 1998. FRP reinforcement for prestressed concrete structures[J]. Progress in Structural Engineering and Materials, 1(2): 135-142.

TANNOUS F E, SAADATMANESH H, 1999. Durability of AR glass fiber reinforced plastic bars[J]. Journal of Composites for Construction, 3(1): 12-19.

TASTANI S P, PANTAZOPOULOU S J, 2006. Bond of GFRP bars in concrete: Experimental study and analytical interpretation[J]. Journal of Composites for Construction, 10(5): 381-391.

TIGHIOUART B, BENMOKRANE B, GAO D, 1998. Investigation of bond in concrete member with fibre reinforced polymer (FRP) bars[J]. Construction and Building Materials, 12(8): 453-462.

UDD E, KUNZLER M, LAYLOR H M, et al, 2001. Fiber grating systems for traffic monitoring[C]//6th Annual International Symposium on NDE for Health Monitoring and Diagnostics. International Society for Optics and Photonics: 510-516.

UOMOTO T, NISHIMURA T, 1999. Deterioration of aramid, glass, and carbon fibers due to alkali, acid, and water in different temperatures[J]. ACI Special Publication, 188: 515-522.

VALTER CARVELLI, GIULIA FAVA, MARCO A, et al, 2009. Anchor system for tension testing of large diameter GFRP bars[J]. Journal of Composites for Construction, 13(5): 344-349.

VILANOVA I, BAENA M, TORRES L, et al., 2015. Experimental study of bond-slip of GFRP bars in concrete under sustained loads[J]. Composites Part B: Engineering, 74(1): 42-52.

VINT L M, 2012. Investigation of bond properties of glass fibre reinforced polymer bars in concrete under direct tension[D]. Toronto: University of Toronto.

WANG W J, SONG Q Q, XU C S, et al., 2018. Mechanical behaviour of fully grouted GFRP rock bolts under the joint action of pre-tension load and blast dynamic load[J]. Tunnelling and Underground Space Technology, 73: 82-91.

YOO D Y, KWON K Y, PARK J J, 2015. Local bond-slip response of GFRP rebar in ultra-high-performance fiber-reinforced concrete[J]. Composite Structures, 2(120): 53-64.

YOUSSEF T, BENMOKRANE B, 2011. Creep behavior and tensile properties of GFRP bars under sustained service loads[J]. ACI Special Publication, 275(39): 1-20.

ZHANG B, BENMOKRANE B, 2002. Pullout bond properties of fiber-reinforced polymer tendons to grout[J]. Journal of Materials in Civil Engineering, 14(5): 399-408.

ZHU H H, YIN J H, YEUNG A T, 2011. Field pullout testing and performance evaluation of GFRP soil nails[J]. Journal of Geotechnical and Geoenvironmental Engineering, 137(7): 633-642.